LES
OISEAUX

DÉCRITS ET FIGURÉS D'APRÈS LA CLASSIFICATION

DE

GEORGES CUVIER

MISE AU COURANT DES PROGRÈS DE LA SCIENCE

LXXII planches représentant en 464 figures

Dessinées d'après nature et gravées sur cuivre

LES ESPÈCES LES PLUS REMARQUABLES ET LES CARACTÈRES GÉNÉRIQUES TIRÉS DU BEC ET DES PATTES

AVEC UN TEXTE EXPLICATIF

FIGURES NOIRES

PARIS

J. B. BAILLIÈRE ET FILS

LIBRAIRES DE L'ACADÉMIE IMPÉRIALE DE MÉDECINE

19, rue Hautefeuille, près le boulevard Saint-Germain.

1870

LES OISEAUX

DE LA MÊME COLLECTION

déjà publié :

Les Vers et les Zoophytes. Paris, 1869. 1 vol. in-8, avec 37 planches contena 550 figures ; figures noires, 15 fr. ; figures coloriées.................. 25

Les Mollusques. Paris, 1868. 1 vol. in-8, avec 36 planches, contenant 520 fi figures noires. 15 fr.; figures coloriées.................................. 25

En préparation :

Les Arachnides et les Crustacés. 1 vol. in-8, avec 42 planches.

Les Poissons. 1 vol. in-8, avec 70 planches.

Les Reptiles. 1 vol. in-8, avec 30 planches.

Les Mammifères. 1 vol. in-8, avec 52 planches.

CORBEIL, typ. et stér. de CRÉTÉ.

LES

OISEAUX

DÉCRITS ET FIGURÉS D'APRÈS LA CLASSIFICATION

DE

GEORGES CUVIER

MISE AU COURANT DES PROGRÈS DE LA SCIENCE

LXXI planches représentant en 464 figures

Dessinées d'après nature et gravées sur cuivre

LES ESPÈCES LES PLUS REMARQUABLES ET LES CARACTÈRES GÉNÉRIQUES TIRÉS DU BEC ET DES PATTES

AVEC UN TEXTE EXPLICATIF

PARIS

J. B. BAILLIÈRE ET FILS

LIBRAIRES DE L'ACADÉMIE IMPÉRIALE DE MÉDECINE

19, rue Hautefeuille, près le boulevard Saint-Germain.

1869

Bevalet 1829. Impr. de Rémond. Canu sculp.

Publié par J. B. Baillière et Fils, Paris.

I — LES OISEAUX DE PROIE

OISEAUX DE PROIE DIURNES

PLANCHE I

ENRE GYPS (1), Savigny (*Vultur*, G. Cuv.).

GYPS INDICUS, Scopol. Asie méridionale.

Fig. 1. L'oiseau réduit au douzième.
Fig. 1 *a.* Son crâne réduit au sixième.
Fig. 1 *b.* L'une de ses serres réduite, vue par le côté externe.

SARCORAMPHUS, C. Duméril.

SARCORAMPHUS GRYPHUS, Goldf. Amérique méridionale (Andes).

Fig. 2. L'oiseau réduit au quatorzième. Mâle adulte.
Fig. 2 *a.* L'une de ses serres réduite, vue par la face supérieure.

SARCORAMPHUS PAPA, G. Cuv. Amérique intertropicale.

Fig. 3. L'oiseau réduit au septième de sa taille.
Fig. 3 *a.* Son crâne au trait, réduit.

GYPAËTOS, Storr.

GYPAËTOS BARBATUS, G. Cuv. (*Ornith. Europ.*, Degl. et Gerbe, t. I, p. 16). Europe (Alpes, Pyrénées, Sardaigne), Asie (Caucase, Himalaya).

Fig. 4. L'oiseau réduit au douzième de sa taille.

Tous les noms de genre qui ne sont pas suivis d'un synonyme entre paren-
s et en italique, répondent à la nomenclature adoptée par G. Cuvier :
ue ce synonyme existe, comme dans le cas présent, c'est sous ce synonyme
faut chercher dans le *Règne animal* le nom de l'espèce figurée.

CATHARTES, Illiger.

CATHARTES AURA, Illig. Amérique septentrionale

Fig. 5. Trait de la tête vue par le côté droit.

Prêtre et Guérin pinx.t Impr.e de Rémond. Giraud sculp.t

Publié par J. B. Baillière et Fils, Paris.

PLANCHE II

ENRE FALCO, Linné.

FALCO FEMORALIS, Temm. Amérique méridionale (Mexico).

Fig. 1. L'oiseau réduit au cinquième. Adulte.
Fig. 1 *a*. Son bec réduit de moitié.

AQUILA, Brisson.

AQUILA MALAYENSIS, G. Cuv. Malaisie.

Fig. 2. L'oiseau réduit au huitième.
Fig. 2 *a*. Son crâne au trait, réduit.

MICRASTUR, R. Gray (*Nisus*, G. Cuv.).

MICRASTUR XANTHOTHORAX, R. Gray. Amérique méridionale.

Fig. 3. L'oiseau réduit au quart.

HIEROFALCO, G. Cuvier.

HIEROFALCO CANDICANS, G. Cuv. Régions arctiques des deux continents, Groënland.

Fig. 4. Tête de l'oiseau réduite environ au tiers de son volume.

Publié par J. B. Baillière et Fils, Paris.

PLANCHE III

GENRE NAUCLERUS, Vigors (*Milvus*, G. Cuv.).

NAUCLERUS FURCATUS, Vigors (*Ornith. Europ.*, Degl. et Gerbe, t. I, p. 70). Amérique septentrionale ; accidentellement en Europe.

Fig. 1. L'oiseau réduit au sixième. Adulte.

PERNIS, G. Cuvier.

PERNIS CRISTATA, G. Cuv. Asie.

Fig. 2. Tête de l'oiseau, au trait, réduite.

BUTEO, Bechstein.

BUTEO JACKAL, Vieill. Cap de Bonne-Espérance, Cafrerie.

Fig. 3. L'oiseau réduit au cinquième. Adulte.

SERPENTARIUS, G. Cuvier.

SERPENTARIUS REPTILIVORUS, Daudin. Cap de Bonne-Espérance.

Fig. 4. L'oiseau réduit au dixième. Adulte.
Fig. 4 *a*. Son crâne, au trait, réduit.

Publié par J.B. Baillière et Fils, Paris.

PLANCHE IV

GENRE OTUS, G. Cuvier.

OTUS MACRORHYNCHOS, Temm. Amérique septentrionale.

Fig. 1. L'oiseau réduit au septième. Adulte.

STRIX, Linné.

STRIX FLAMMEA, Linn. (*Ornith. Europ.*, Degl. et Gerbe, t. I, p. 133). Europe.

Fig. 2. L'oiseau réduit au sixième.
Fig. 2 *a*. Son crâne, au trait, réduit aux deux tiers.

SYRNIUM, Savigny.

SYRNIUM PAGODARUM, G. Cuv. Java.

Fig. 3. L'oiseau réduit au septième. Adulte.
Fig. 3 *a*. Son crâne, au trait, réduit aux deux tiers.
Fig. 3 *b*. Le même, vu par la face supérieure.

Guérin et E. Traviès p.t Impr.t de Rémond. Girand sc.

Publié par J. B. Baillière et Fils, Paris.

PLANCHE V

GENRE BUBO, G. Cuvier.

BUBO MAGELLANICUS, G. Cuv. Amérique méridionale.

Fig. 1. L'oiseau réduit au septième. Adulte.

ATHENE, Boie (*Noctua*, G. Cuv.).

ATHENE HUHULA, R. Gray. Amérique méridionale.

Fig. 2. L'oiseau réduit au cinquième.

SCOPS, Savigny.

SCOPS ALDROVANDI, Willughbi (*Ornith. Europ.*, Degl. et Gerbe, t. I, p. 142). Europe méridionale, Asie occidentale, Afrique septentrionale.

Fig. 3. L'oiseau réduit au tiers.

Prêtre et Guérin pinx.t Impr.ie de Rémond. Giraud sculp.t

Publié par J.B. Baillière et Fils, Paris.

II — LES PASSEREAUX

PASSEREAUX DENTIROSTRES

PLANCHE VI

GENRE LANIUS, Linné.

LANIUS COLLARIS, Lin. Afrique méridionale.

Fig. 1. L'oiseau réduit au tiers environ. Adulte.

GRAUCALUS, G. Cuvier.

GRAUCALUS MELANOPS, Blyth. Australie, Timor, Nouvelle-Guinée.

Fig. 2. L'oiseau réduit au tiers. Mâle adulte.

BARITA, G. Cuvier.

BARITA STREPERA, G. Cuv. De l'Australie orientale et méridionale.

(Lesson a fait de cette espèce le type de son genre *Strepera*.)

Fig. 3. L'oiseau réduit au quart. Mâle adulte.

VANGA, Vieill.

VANGA OLIVACEUS, Lafresn. Sénégal.

Fig. 4. Son bec de grandeur naturelle.

PHONYGAMA, Lesson (*Chalibœus*, G. Cuv.).

PHONYGAMA VIRIDIS, B. Gray. Nouvelle-Guinée.

Fig. 5. Son bec de grandeur naturelle.

TITYRA, Vieill. (*Psaris*, G. Cuv.).

TITYRA CAYANA, Vieill. Cayenne, Brésil.

Fig. 6. Son bec de grandeur naturelle.

GENRE ARTAMUS, Vieill. (*Ocypterus*, G. Cuv.).

ARTAMUS LEUCORYNCHUS, Vieill. Iles Célèbe Philippines.

Fig. 7. Son bec de grandeur naturelle.

CISSOPIS, Vieill. (*Bethylus*, G. Cuv.).

CISSOPIS LEVERIANUS, R. Gray. Brésil.

Fig. 8. Son bec de grandeur naturelle.

Oiseaux. Pl. 7

Prêtre et Guérin pinx.t Impr.t de Rémond. Giraud sculp.t

Publié par J.B. Baillière et Fils, Paris

PLANCHE VII

GENRE CALYPTURA, Swainson (*Pardalotus*, G. Cuv.).

CALYPTURA CRISTATA, Swains. Brésil.

Fig. 1. L'oiseau réduit aux trois quarts. Mâle adulte.

TYRANNUS, G. Cuvier.

TYRANNUS MATUTINUS, Vieill. Antilles.

Fig. 2. Son bec de grandeur naturelle.

MUSCIPETA, G. Cuvier.

MUSCIPETA CORONATA, G. Cuv. Brésil.

Fig. 3. Son bec de grandeur naturelle, vu en dessus.
Fig. 3 *a*. Le même, vu de profil.

PERICROCOTUS, Boie (*Muscicapa*, G. Cuv.).

PERICROCOTUS MINIATUS, Boie. Bengale.

Fig. 4. L'oiseau réduit de moitié. Mâle adulte.

GYMNOCEPHALUS, Geoffroy-Saint-Hilaire (*Corvus*, G. Cuv.).

GYMNOCEPHALUS CALVUS, Horbn. Guyane.

Fig. 5. Son bec, réduit.

PLATYRHYNCHUS, Desmarets.

PLATYRHYNCHUS CANCROMUS, Temm. Brésil.

Fig. 6. Son bec de grandeur naturelle.
Fig. 6 *a*. Le même, vu en dessus.

CEPHALOPTERUS, Et. Geoffroy-Saint-Hilaire.

CEPHALOPTERUS ORNATUS, Et. Geoffr. Brésil.

Fig. 7. L'oiseau réduit au cinquième. Mâle adulte.

Oiseaux. Pl. 8.

1

2

1.a

2.a

3/8. gr. n.

3

6

1/2. gr. n.

5.a

4

5

2/4. gr. n.

6.a

Bévalet et Guérin ping. Imp. de Rémond. Giraud sculp.

Publié par J.B. Baillière et Fils, Paris

PLANCHE VIII

E PHŒNICERCUS, Swainson (*Cotingas ordinaires*, G. Cuv.).

PHŒNICERCUS CARNIFEX, Swains. Cayenne, Brésil.

Fig. 1. L'oiseau réduit aux trois huitièmes. Mâle adulte.
Fig. 1 *a*. Son bec, de grandeur naturelle, vu en dessus.

CASMORHYNCHUS, Temminck.

CASMORHYNCHUS VARIEGATUS, Temm. Brésil.

Fig. 2. Tête du mâle, demi de grandeur naturelle.
Fig. 2 *a*. Son bec, de grandeur naturelle, vu en dessus.

AMPELIS, Linné (*Bombycilla*, G. Cuv.).

AMPELIS CAROLINIENSIS, Brisson. Louisiane, Caroline.

Fig. 3. L'oiseau, demi de grandeur naturelle.

GYMNODERUS, Geoffroy-Saint-Hilaire.

GYMNODERUS FŒTIDUS, Strickl. Brésil.

Fig. 4. L'oiseau réduit au quart. Mâle adulte.

CEBLEPYRIS, G. Cuvier.

CEBLEPYRIS CÆSIA, Lichst. Cafrerie.

Fig. 5. Son bec de grandeur naturelle.
Fig. 5 *a*. Une de ses sous-caudales.

TERSINA, Vieillot.

TERSINA VENTRALIS, R. Gray. Brésil.

Fig. 6. Son bec de grandeur naturelle.
Fig. 6 *a*. Le même, vu en dessus.

Imp. de Rémond. Giraud sculp.

Publié par J.B. Baillière et Fils, Paris.

PLANCHE IX

NRE BHRINGA, Hodgson (*Edolius*, G. Cuv.).

BHRINGA REMIFER, Blyth. Java, Sumatra.

Fig. 1. L'oiseau réduit au tiers. Mâle adulte.
Fig. 1 *a*. Son bec, de grandeur naturelle, vu par-dessus.

PHIBALURA, Vieillot.

PHIBALURA FLAVIROSTRIS, Vieill. Brésil.

Fig. 2. L'oiseau, demi de grandeur naturelle. Mâle adulte.
Fig. 2 *a*. Sa tête et son bec, de grandeur naturelle, vus en dessus.

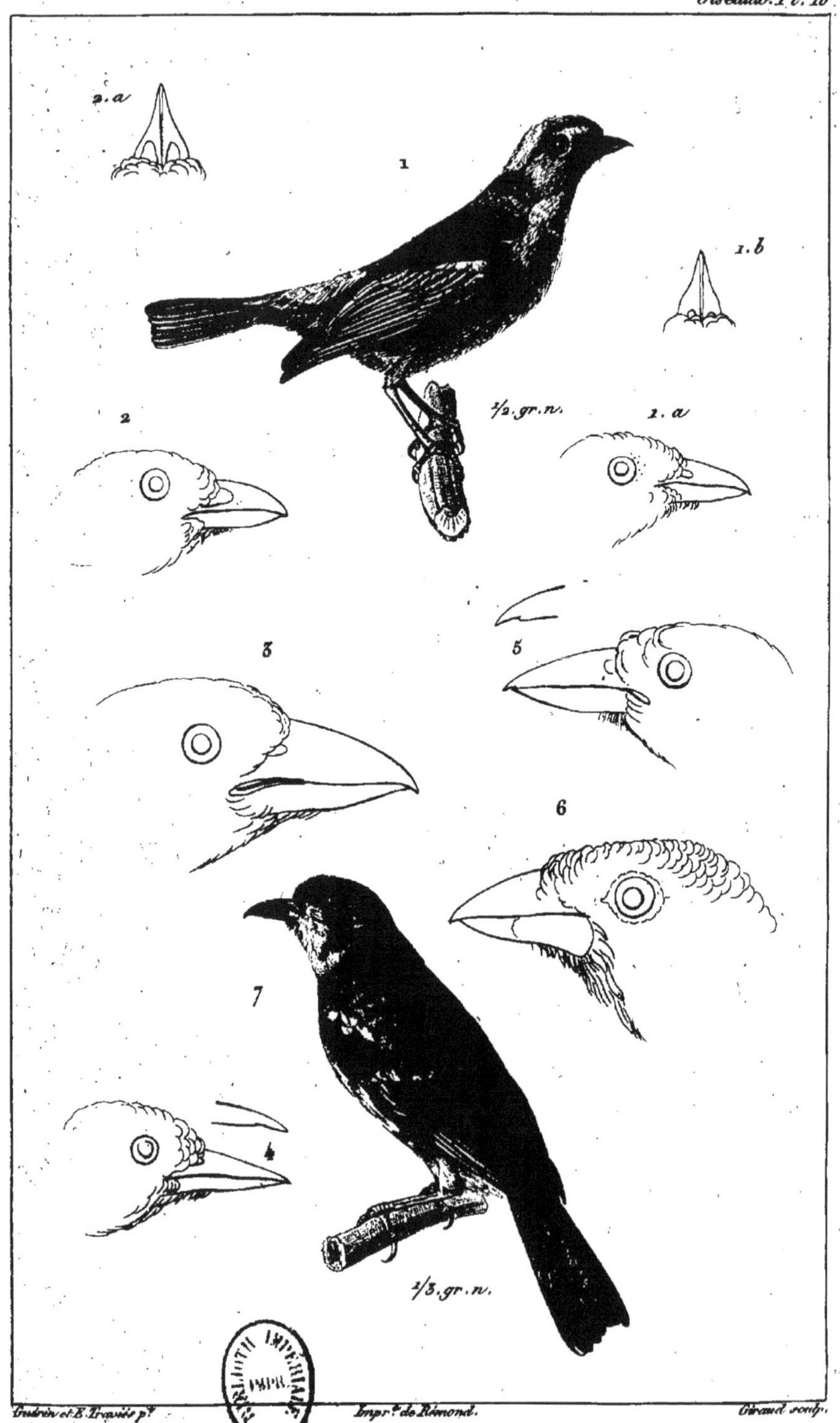

Guérin et E. Traviès p.t Impr.ie de Rémond. Giraud sculp.

Publié par J.B. Baillière et Fils, Paris

PLANCHE X

GENRE TANAGRA, Linné.

TANAGRA CYANOCEPHALA, d'Orb. et Lafres. Pérou, Bolivie.

Fig. 1. L'oiseau, demi de grandeur naturelle. Mâle adulte.
Fig. 1 *a*. Son bec de grandeur naturelle.
Fig. 1 *b*. Le même, vu en dessus.

EUPHONIA, Desmarets (*Tangaras-Bouvreuils*, G. Cuv.).

EUPHONIA CAYENNENSIS, Desm. Brésil.

Fig. 2. Son bec de grandeur naturelle.
Fig. 2 *a*. Le même, vu en dessus.

SALTATOR, Vieillot (*Tangaras-Grosbec*, G. Cuv.).

SALTATOR MAGNUS, B. Gray. Brésil, Cayenne.

Fig. 3. Son bec, de grandeur naturelle.

TACHYPHONUS, Vieillot (*Tangaras-Loriots*, G. Cuv.).

TACHYPHONUS SPECULIFERUS, Less. Brésil.

Fig. 4. Son bec, de grandeur naturelle, et l'extrémité grossie de la mandibule supérieure.

PYRROTA, Vieillot (*Tangaras-Cardinals*, G. Cuv.).

PYRROTA LEUCOPTERA, Vieill. Brésil, Paraguay.

Fig. 5. Son bec de grandeur naturelle, et l'extrémité grossie de la mandibule supérieure.

RAMPHOCELUS, Vieillot (*Tangaras-Ramphocèles*, G. Cuv.).

RAMPHOCELUS BRASILIUS, Bp. Brésil.

Fig. 6. Son bec de grandeur naturelle.

MACRONUS, Jardine et Selby (*Turdus*, G. Cuv.).

MACRONUS ALBIGULARIS, R. Gray. Malacca.

Fig. 7. L'oiseau réduit au tiers.

Pretre del.

Publié par J. B. Baillière et Fils, Paris

PLANCHE XI

ENRE TURDUS, Linné.

TURDUS TORQUATUS, Linn. (*Ornith Europ.*, Degl. et Gerbe, t. I, p. 401). Europe, Asie occidentale, Afrique septentrionale.

Fig. 1. L'oiseau réduit de moitié. Mâle et adulte au printemps.

TURDUS MERULA, Linn. (*Ornith. Europ.*, Degl. et Gerbe, t. I, p. 399). Europe, Asie, Afrique.

Fig. 2. Tête du jeune avant la première mue, réduite de moitié.

Fig. 2 *a*. L'une de ses pattes de grandeur naturelle.

TURDUS VISCIVORUS, Linn. (*Ornith. Europ.*, Degl. et Gerbe, t. I, p. 418). Europe.

Fig. 3. L'une de ses pattes de grandeur naturelle.

PETROCINCLA, Vigors (*Turdus*, Lin.).

PETROCINCLA SAXATILIS, Vig. (*Ornith. Europ.*, Degl. et Gerbe, t. I, p. 446). Europe méridionale, Afrique septentrionale.

Fig. 4. L'oiseau réduit de moitié. Mâle adulte au printemps.

Guérin et E. Traviès p.t — Impr.ie de Rémond. — Giraud sculp.

Publié par J.B. Baillière et Fils, Paris.

PLANCHE XII

GENRE PITTA, Vieillot.

PITTA CYANURA, Vieill. Java.

Fig. 1. L'oiseau réduit au tiers. Mâle adulte.
Fig. 1 *a*. Son bec de grandeur naturelle.

CINCLUS, Bechstein.

CINCLUS AQUATICUS, Bechst. (*Ornith. Europ.*, Degl. et Gerbe, t. I, p. 389). Europe centrale et méridionale, Asie occidentale.

Fig. 2. L'oiseau réduit au tiers.
Fig. 2 *a*. Son bec, de grandeur naturelle.
Fig. 2 *b*. Le même, vu en dessus.

ANTHOCHÆRA, Vigors et Horsfield (*Philedon*, G. Cuv.).

ANTHOCHÆRA CARUNCULATA, Vig. et Horsf. Australie méridionale.

Fig. 3. L'oiseau réduit au quart. Mâle adulte.
Fig. 3 *a*. Son bec de grandeur naturelle.
Fig. 3 *b*. Le même vu en dessus.

Prêtre pinx.t Imp. de Rémond. Giraud sculp.t

Publié par J.B. Baillière et Fils, Paris.

PLANCHE XIII

GENRE GRACULA, Linné (*Eulabes*, G. Cuv.).

GRACULA RELIGIOSA, Linn. Iles de la Sonde.

Fig. 1. L'oiseau réduit au quart. Mâle adulte.

STURNIA, Lesson (*Gracula*, G. Cuv.).

STURNIA PAGODARUM, Blyth. Pondichéry.

Fig. 2. L'oiseau réduit au tiers. Mâle adulte.

PYRRHOCORAX, Vieillot.

PYRRHOCORAX ALPINUS, Vieill. (*Ornith.Europ.*, Degl. et Gerbe, t. I, p. 204). Contrées alpestres de l'Europe et de l'Asie.

Fig. 3. L'oiseau réduit au cinquième.
Fig. 3 *a*. Son bec de grandeur naturelle.

MANORHINA Vieillot.

MANORHINA MELANOPHRYS, Gould. Nouvelle-Hollande.

Fig. 4. Son bec de grandeur naturelle.

1

2/3. gr. n.

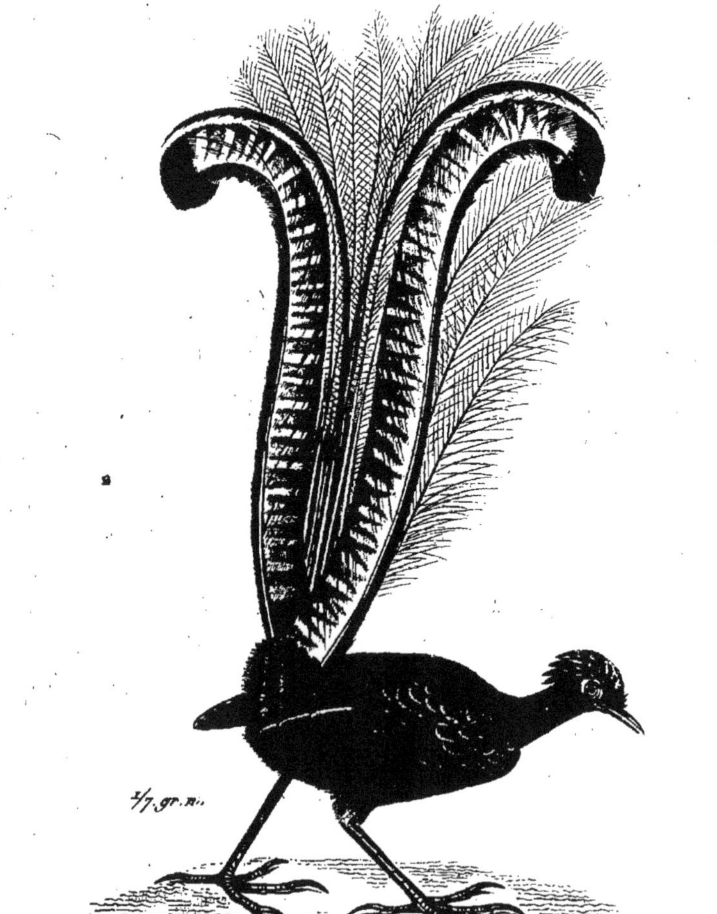

2

1/7. gr. n.

...e pinx.t Imp.r de Rémond. Giraud sculp.t

Publié par J.B. Baillière et Fils, Paris.

PLANCHE XIV

GENRE ORIOLUS, Linné.

ORIOLUS LARVATUS, Lichst. Cap de Bonne-Espérance.

Fig. 1. L'oiseau réduit au tiers. Mâle adulte.

MENURA, Davis.

MENURA SUPERBA, Davis. Australie.

Fig. 2. L'oiseau réduit au septième.

Guérin et Delarue p.t Impr.e de Rémond. Giraud sc.

Publié par J.B. Baillière et Fils. Paris.

PLANCHE XV

ENRE SIALIA, Swainson (*Rubiettes*, G. Cuv.).

SIALIA WILSONI, Swains. Amérique septentrionale.

Fig. 1. L'oiseau demi de grandeur naturelle. Mâle adulte.
Fig. 1 *a*. Son bec, de grandeur naturelle, vu en dessus.

CURRUCA, Brisson.

CURRUCA SUBALPINA, Boie (*Ornith. Europ.*, Degl. et Gerbe, t. I, p. 482). Europe méridionale.

Fig. 2. L'oiseau en plumage de noces, réduit aux deux tiers. Mâle adulte.
Fig. 2 *a*. Son bec vu de profil et grossi.

REGULUS, G. Cuvier.

REGULUS IGNICAPILLUS, Lichst. (*Ornith. Europ.*, Degl. et Gerbe, t. I, p. 555). Une grande partie de l'Europe.

Fig. 3. L'oiseau réduit aux trois quarts.
Fig. 3 *a*. Son bec, de grandeur naturelle, vu en dessus.
Fig. 3 *b*. Le même, vu de profil et grossi.

ACCENTOR, Bechstein.

ACCENTOR ALPINUS, Bechst. (*Ornith. Europ.*, Degl. et Gerbe, t. I, p. 466). Europe méridionale.

Fig. 4. Son bec de grandeur naturelle.
Fig. 4 *a*. Le même, vu en dessus.

PRATINCOLA, Koch (*Saxicola*, G. Cuv.).

PRATINCOLA RUBICOLA, Koch (*Ornith. Europ.*, Degl. et Gerbe, t. I, p. 462). Europe, Asie, Afrique.

Fig. 5. Son bec de grandeur naturelle.
Fig. 5 *a*. Le même, vu en dessus.

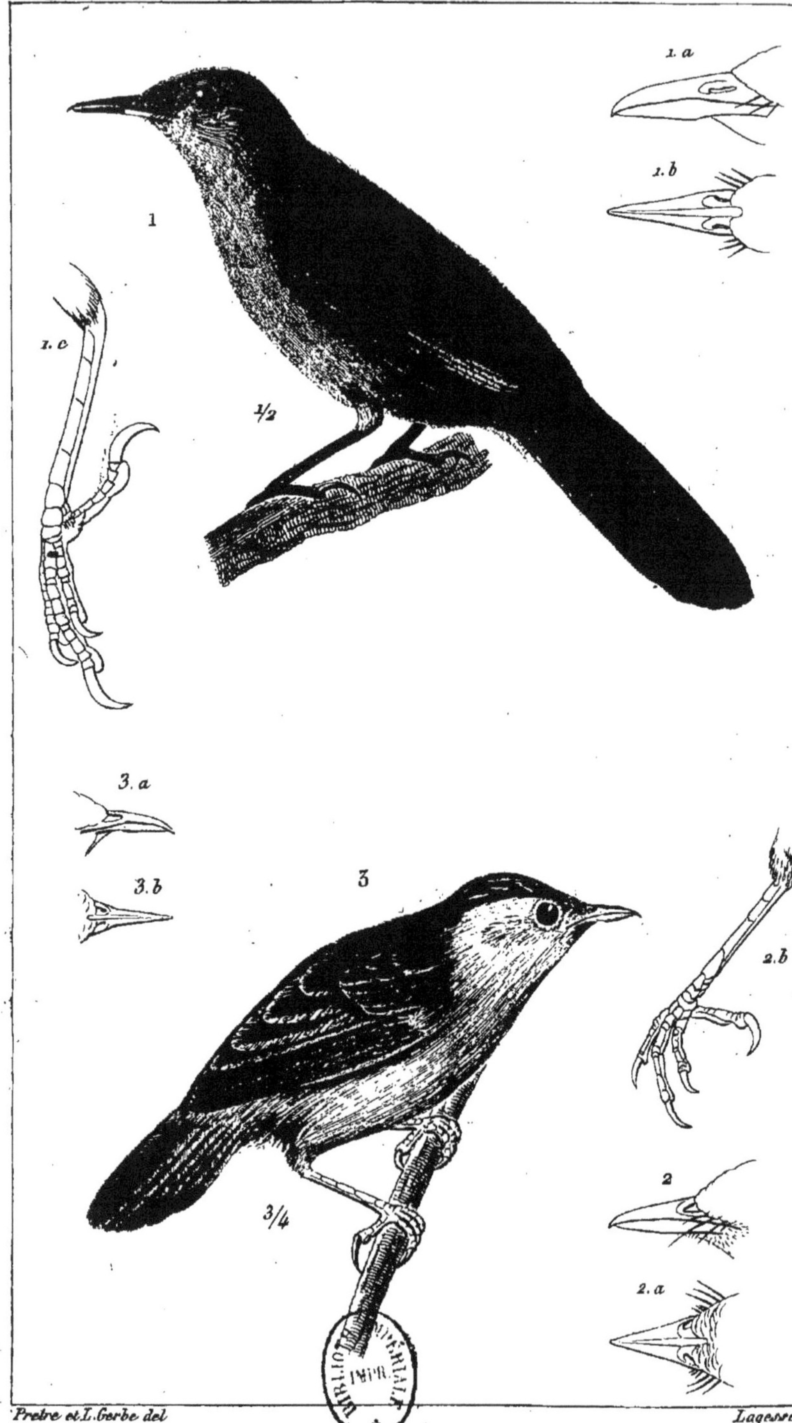

Pretre et L. Gerbe del

Lagesse

Publié par J.B. Baillière et Fils, Paris.

PLANCHE XVI

ENRE CALAMOHERPE, Boie (*Fauvettes*, G. Cuv.).

CALAMOHERPE TURDOÏDES, Boie (*Ornith. Europ.*, Degl. et Gerbe, t. I, p. 516). Europe tempérée.

Fig. 1. L'oiseau réduit de moitié. Adulte.
Fig. 1 *a*. Son bec de grandeur naturelle.
Fig. 1 *b*. Le même, vu en dessus.
Fig. 1 *c*. L'une de ses pattes de grandeur naturelle.

HYPOLAÏS, Brehm (*Figuiers*, G. Cuv.).

HYPOLAÏS ICTERINA, Z. Gerbe (*Ornith. Europ.*, Degl. et Gerbe, t. I, p. 498). Europe continentale (1).

Fig. 2. Son bec de grandeur naturelle.
Fig. 2 *a*. Le même, vu en dessus.
Fig. 2 *b*. L'une de ses pattes de grandeur naturelle.

CISTICOLA, Lesson.

CISTICOLA SCHŒNICOLA, Bp. (*Ornith. Europ.*, Degl. et Gerbe, t. I, p. 537). Europe méridionale, Afrique septentrionale.

Fig. 3. L'oiseau adulte, trois quarts de grandeur naturelle.
Fig. 3 *a*. Son bec de grandeur naturelle.
Fig. 3 *b*. Le même, vu en dessus.

(1) G. Cuvier fait figurer cette espèce dans deux genres : il la range parmi les *auvettes* à la suite de l'Effarvate, et parmi les *Roitelets* ou *Figuiers*, à la suite du ouillot fitis.

Guérin et Delarue ping. Impr.ie de Rémond. Giraud sc.

Publié par J. B. Baillière et Fils, Paris.

PLANCHE XVII

ENRE THRIOTHORUS, Vieillot (*Troglodytes*, G. Cuv.).

THRIOTHORUS MEXICANUS, Swains. Mexique.

Fig. 1. L'oiseau, demi de grandeur naturelle.

TROGLODYTES, Vieillot.

TROGLODYTES EUROPEUS, G. Cuv. Europe, Asie, Afrique septentrionale.

Fig. 2. Son bec de grandeur naturelle.
Fig. 2 *a*. Le même, vu en dessus.

MOTACILLA, Linné.

MOTACILLA YARRELLI, Gould (*Ornith. Europ.*, Degl. et Gerbe, t. I, p. 384). Iles Britanniques, ouest de la France.

Fig. 3. L'oiseau réduit aux trois quarts. Mâle adulte.
Fig. 3 *a*. Une de ses pattes de grandeur naturelle.

BUDYTES, G. Cuvier.

BUDYTES FLAVA, G. Cuv. (*Ornith. Europ.*, Degl. et Gerbe, t. I, p. 376). Europe, Afrique septentrionale.

Fig. 4. L'une de ses pattes de grandeur naturelle.

ANTHUS, Bechstein.

ANTHUS ARBOREUS, Bechst. (*Ornith. Europ.*, Degl. et Gerbe, t. I, p. 366). Europe, Asie, Afrique septentrionale.

Fig. 5. L'oiseau réduit aux trois quarts.
Fig. 5 *a*. Une de ses pattes de grandeur naturelle.
Fig. 5 *b*. Son bec de grandeur naturelle.
Fig. 5 *c*. Extrémité du bec grossie.

Guérin et E. Traviès p.t Impr.ie de Rémond. Giraud sc.

Publié par J. B. Baillière et Fils, Paris

PLANCHE XVIII

GENRE RUPICOLA, Brisson.

RUPICOLA AURANTIA, Vieill. Amérique méridionale et orientale.

Fig. 1. L'oiseau réduit au cinquième. Mâle adulte.

PIPRA, Linné.

PIPRA ERYTHROCEPHALA, Lin. Brésil, Guyane.

Fig. 2. L'oiseau, demi de grandeur naturelle. Mâle adulte.
Fig. 2 *a*. Son bec de grandeur naturelle, vu en dessus.
Fig. 2 *b*. Le même, vu de profil.
Fig. 2 *c*. Une de ses pattes grossie.

CYMBLIRHYNCHUS, Vigors (*Eurylaimus*, Horsf.).

CYMBLIRHYNCHUS MACRORHYNCHUS, Bp. Sumatra, Bornéo.

Fig. 3. L'oiseau réduit aux deux septièmes de sa taille.
Fig. 3 *a*. Son bec, de grandeur naturelle, vu en dessus.
Fig. 3 *b*. Le même, vu de profil.
Fig. 3 *c*. L'une de ses pattes de grandeur naturelle.

Guérin et E. Traviès ping. Impr.[e] de Rémond. Giraud sculp.[t]

Publié par J. B. Baillière et Fils, Paris.

PLANCHE XIX

GENRE PALLENE, Lesson (*Hirundo*, G. Cuv).

PALLENE COLLARIS, Less. Amérique méridionale.

Fig. 1. L'oiseau réduit au tiers.
Fig. 1 *a*. Son bec de grandeur naturelle.

CYPSELUS, Illiger.

CYPSELUS APUS, Illig. Europe, Asie, Afrique.

Fig. 2. L'une de ses pattes de grandeur naturelle, vue par la face antérieure.

CAPRIMULGUS, Linné.

CAPRIMULGUS EUROPEUS, Lin. (*Ornith. Europ.*, Degl. et Gerbe, t. I, p. 604). Europe.

Fig. 3. Son bec de grandeur naturelle.
Fig. 3 *a*. L'une de ses pattes, de grandeur naturelle, vue par la face antérieure.
Fig. 3 *b*. Ongle du doigt médian grossi.

PODARGUS, G. Cuvier.

PODARGUS CUVIERI, Vig. et Horsf. Nouvelle-Hollande.

Fig. 4. L'oiseau réduit au quart.
Fig. 4 *a*. Une de ses pattes vue par la face antérieure.

Guérin et E. Traviès p.t Impr.e de Rémond. Giraud sc.

Publié par J. B. Baillière et Fils, Paris.

PLANCHE XX

GENRE MEGALOPHONUS, R. Gray (*Alauda*, G. Cuv.).

MEGALOPHONUS APIATUS, R. Gray. Afrique centrale et méridionale.

Fig. 1. L'oiseau réduit de moitié.
Fig. 1 *a*. L'ongle du pouce de grandeur naturelle.

MELANOCORIPHA, Boie.

MELANOCORIPHA CALANDRA, Boie (*Ornith. Europ.*, Degl. et Gerbe, t. I, p. 350). Europe méridionale, Asie occidentale, Afrique septentrionale.

Fig. 2. Son bec de grandeur naturelle.

PANURUS, Koch (*Les Moustaches*, G. Cuv.).

PANURUS BIARMICUS, Koch. (*Ornith. Europ.*, Degl. et Gerbe, t. I, p. 573). Europe.

Fig. 3. L'oiseau réduit de moitié.

PARUS, Linné.

PARUS CÆRULEUS, Lin. (*Ornith. Europ.*, Degl. et Gerbe, t. I, p. 561). Europe.

Fig. 4. La tête de l'oiseau, de grandeur naturelle.

ÆGITHALUS, Vigors (*Les Remiz*, G. Cuv.).

ÆGITHALUS PENDULINUS, Vig. (*Ornith. Europ.*, Degl. et Gerbe, t. I, p. 575). Europe méridionale.

Fig. 5. Son bec de grandeur naturelle.

SPIZA, Ch. Bonaparte (*Pyrgita*, G. Cuv.).

SPIZA CIRIS, Bp. Amérique septentrionale et méridionale.

Fig. 6. L'oiseau réduit de moitié. Mâle adulte.

GENRE EMBERIZA, Linné.

EMBERIZA CIRLUS, Lin. (*Ornith. Europ.*, Degl. et Gerbe, t. I, p. 311). Europe, Afrique septentrionale.

Fig. 7. Son bec de grandeur naturelle.

PLOCEUS, G. Cuvier.

PLOCEUS FLAMICEPS, G. Cuv. Asie méridionale, Bengale, Népaul.

Fig. 8. Son bec de grandeur naturelle.

FRINGILLA, Linné.

FRINGILLA MONTIFRINGILLA, Lin. (*Ornith. Europ.*, Degl. et Gerbe, t. I, p. 274). Europe, Asie orientale.

Fig. 9. Son bec de grandeur naturelle.

CANNABINA, Brehm (*Carduelis*, G. Cuv.).

CANNABINA LINOTA, R. Gray (*Ornith. Europ.*, Degl. et Gerbe, t. I, p. 288). Europe, Asie occidentale, Afrique septentrionale.

Fig. 10. Son bec de grandeur naturelle.

Guérin et E. Traviès ping. — Impr. de Rémond. — Giraud sculp.

Publié par J. B. Baillière et Fils, Paris

PLANCHE XXI

GENRE VIDUA, G. Cuvier.

VIDUA LONGICAUDA, G. Cuv. Cap de Bonne-Espérance.

Fig. 1. L'oiseau réduit au quart. Mâle en noces.
Fig. 1 *a*. Son bec de grandeur naturelle.

COCCOTHRAUSTES, G. Cuvier.

COCCOTHRAUSTES VULGARIS, Briss. (*Ornith. Europ.*, Degl. et Gerbe, t. I, p. 260). Europe, Asie, Afrique septentrionale.

Fig. 2. Son bec de grandeur naturelle.

PITYLUS, G. Cuvier.

PITYLUS CANADENSIS, G. Cuv. Brésil, Cayenne.

Fig. 3. Son bec de grandeur naturelle.

PYRRHULA, Brisson.

PYRRHULA VULGARIS, Briss. (*Ornith. Europ.*, Degl. et Gerbe, t. I, p. 250). Europe méridionale et occidentale.

Fig. 4. L'oiseau réduit de moitié. Mâle adulte.

LOXIA, Brisson.

LOXIA CURVIROSTRA, Linn. (*Ornith. Europ.*, Degl. et Gerbe, t. I, p. 261). Europe, Asie septentrionale et occidentale.

Fig. 5. Son bec de grandeur naturelle.

CORYTHUS, G. Cuvier.

CORYTHUS ENUCLEATOR, G. Cuv. (*Ornith. Europ.*, Degl. et Gerbe, t. I, p. 258). Régions alpines de l'Europe septentrionale, Asie, Amérique boréale.

Fig. 6. Son bec de grandeur naturelle.

GENRE COLIUS, Brisson.

COLIUS CAPENSIS, Gmel. Afrique méridionale.

Fig. 7. L'oiseau réduit au tiers.
Fig. 7 *a*. Son bec de grandeur naturelle.

BUPHAGA, Linné.

BUPHAGA AFRICANA, Lin. Afrique méridionale.

Fig. 8. Son bec de grandeur naturelle.

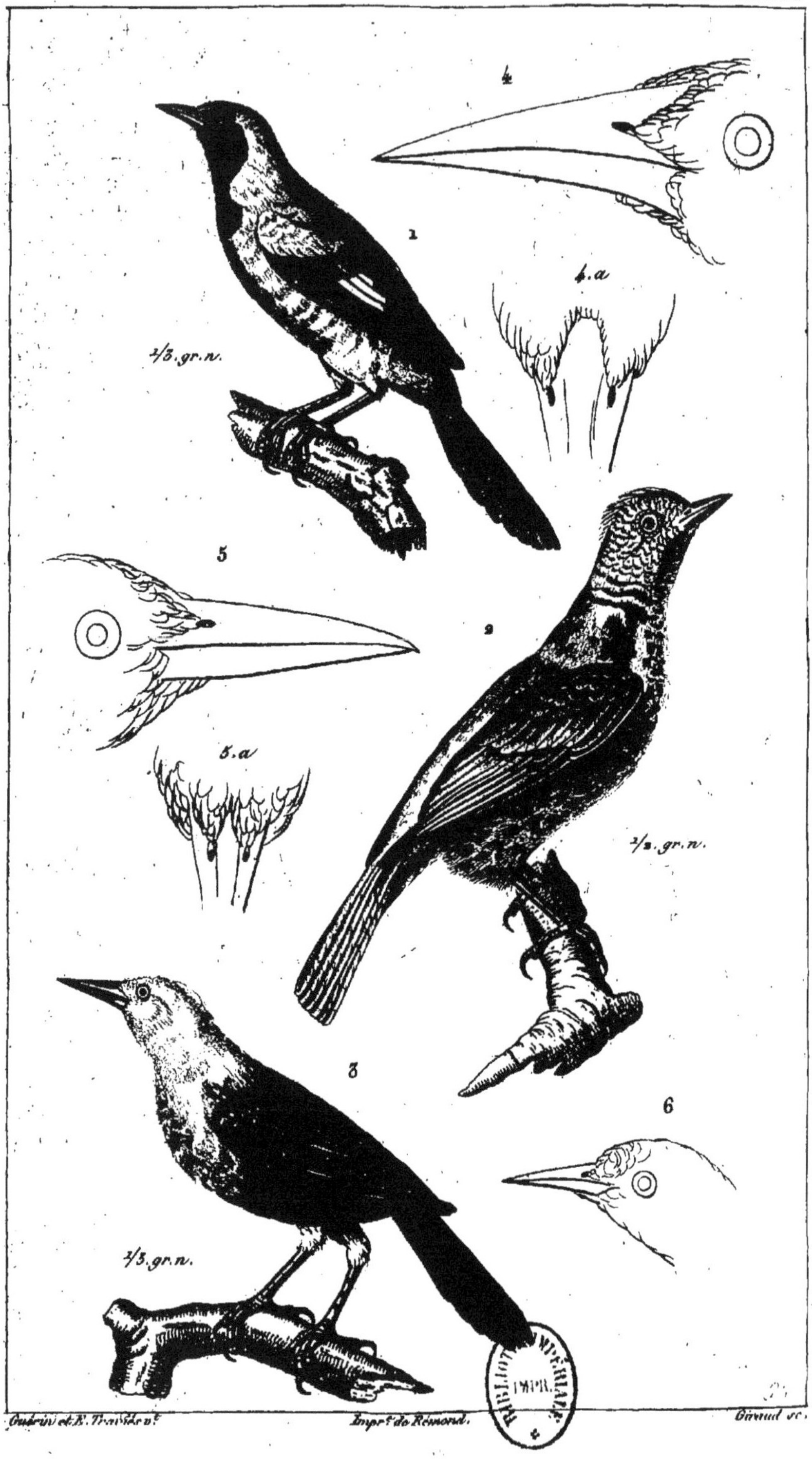

4

1

4.a

2/3. gr. n.

5

2

5.a

2/2. gr. n.

3

6

2/3. gr. n.

Guérin et E. Traviès d.t Impr.e de Rémond. Giraud sc.

Publié par J.B. Baillière et Fils, Paris.

PLANCHE XXII

GENRE ICTERUS, Brisson.

ICTERUS JAMACAII, Daud. Brésil.

Fig. 1. L'oiseau réduit au tiers. Mâle adulte.

OXYRAMPHUS, Strickland (*Oxyrhinchus*, Temm.).

OXYRAMPHUS FLAMICEPS, R. Gray. Chili.

Fig. 2. L'oiseau réduit de moitié.

AMBLYRAMPHUS, Leach (*Sturnus*, Lin.).

AMBLYRAMPHUS RUBER, R. Gray. Amérique méridionale.

Fig. 3. L'oiseau réduit au tiers.

CASSICUS, G. Cuvier.

CASSICUS HEMORRHOUS, Daud. Brésil.

Fig. 4. Son bec de grandeur naturelle.
Fig. 4 *a*. Base du bec vu en dessus.

MOLOTHRUS, Swainson (*Xanthornus*, G. Cuv.).

MOLOTHRUS BONARIENSIS, R. Gray. Amérique méridionale.

Fig. 5. Son bec de grandeur naturelle.
Fig. 5 *a*. Base du bec vu en dessus.

DACNIS, G. Cuvier.

DACNIS CAYANA, G. Cuvier. Brésil.

Fig. 6. Son bec de grandeur naturelle.

1

$^1/_4$. gr. n.

4

2

5

$^3/_4$. gr. n.

3

6

$^2/_3$. gr. n.

Oudart et Traviès ping. Impr. de Rémond. Giraud sc.

Publié par J.B. Baillière et Fils, Paris.

PLANCHE XXIII

RE CYANOCORAX, Boie (*Pica*, G. Cuv.).

CYANOCORAX PILEATUS, Boie. Paraguay, Brésil.

Fig. 1. L'oiseau réduit au quart. Mâle adulte.

GARRULUS, Brisson.

GARRULUS CRISTATUS, Vieillot. Amérique septentrionale et orientale.

Fig. 2. L'oiseau réduit aux trois quarts. Mâle adulte.

CRYPSIRINA, Vieillot (*Temia*, G. Cuv.).

CRYPSIRINA VARIANS, Vieillot. Asie méridionale, Malaisie.

Fig. 3. L'oiseau réduit au tiers. Mâle adulte.

CORVUS, Linné.

CORVUS SPLENDENS, Vieillot. Asie méridionale.

Fig. 4. Son bec de grandeur naturelle.

NUCIFRAGA, Brisson (*Caryocatactes*, G. Cuv.).

NUCIFRAGA CARYOCATACTES, Temm. (*Ornith. Europ.*, Degl. et Gerbe, t. I, p. 207). Europe, Asie septentrionale et orientale.

Fig. 5. Son bec de grandeur naturelle.

GLAUCOPIS, Gmelin.

GLAUCOPIS CINEREA, Gmel. Nouvelle-Zélande.

Fig. 6. Son bec de grandeur naturelle.

érin et E. Traviès p. Impr. de Rémond. Giraud sc.

Publié par J.B. Baillière et Fils, Paris.

PLANCHE XXIV

ENRE CORACIAS, Linné.

CORACIAS INDICA, Linné. Asie centrale et méridionale.

Fig. 1. L'oiseau réduit au quart. Mâle adulte.
Fig. 1 *a*. Son bec de grandeur naturelle.
Fig. 1 *b*. Le même, vu en dessus.

EURYSTOMUS, Vieill. (*Colaris*, G. Cuv.).

EURYSTOMUS ORIENTALIS, Vieillot. Asie méridionale et orientale, Chine.

Fig. 2. L'oiseau réduit au quart. Mâle adulte.
Fig. 2 *a*. Son bec, de grandeur naturelle, vu en dessus.
Fig. 2 *b*. Le même, vu de profil.

Guérin et E. Davide p.t Impr.ie de Langlois. Giraud sculp.

Publié par J.B. Baillière et Fils, Paris.

PLANCHE XXV

GENRE PARADISEA, Linné.

PARADISEA APODA, Linné. Nouvelle-Guinée.

Fig. 1. L'oiseau réduit au cinquième. Mâle adulte.
Fig. 1 *a*. Son bec de grandeur naturelle, vu en dessus.
Fig. 1 *b*. Le même, vu de profil.

SERICULUS, Swainson (*Paradisea*, G. Cuv.).

SERICULUS AUREUS, R. Gray. Nouvelle-Guinée.

Fig. 2. L'oiseau réduit au tiers. Mâle adulte.

Guérin et R. Dravier pt. Impr. [illegible] Rémond. Giraud sculp.

Publié par J.B. Baillière et Fils, Paris.

PLANCHE XXVI

ENRE ANABATES, Temminck.

ANABATES ATRICAPILLUS, Wied. Brésil.

Fig. 1. L'oiseau réduit de moitié.
Fig. 1 *a.* Son bec de grandeur naturelle.
Fig. 1 *b.* Le même, vu en dessus.

SYNALLAXIS, Vieillot.

SYNALLAXIS PHRYGANOPHILA, Vieillot. Brésil méridional, Paraguay.

Fig. 2. L'oiseau réduit de moitié.
Fig. 2 *a.* Son bec de grandeur naturelle.
Fig. 2 *b.* Le même, vu en dessus.

SITTA, Linné.

SITTA CASTANEA, Less. Asie centrale.

Fig. 3. L'oiseau réduit aux trois cinquièmes.
Fig. 3 *a.* Son bec de grandeur naturelle.
Fig. 3 *b.* Le même, vu en dessus.

XENOPS, Illiger.

XENOPS RUTILANS, Temm. Brésil.

Fig. 4. Son bec de grandeur naturelle.
Fig. 4 *a.* Le même, vu en dessus.

Guérin et E. Traviès p.t Impr.e de Rémond. Giraud sculp.

Publié par J.B. Baillière et Fils, Paris.

PLANCHE XXVII

GENRE CERTHIA, Linné.

CERTHIA BRACHYDACTYLA, Lin. (*Ornith. Europ.*, Degl. et Gerbe, t. I, p. 187). Europe.

Fig. 1. L'oiseau réduit aux deux tiers.
Fig. 1 *a*. Son bec de grandeur naturelle.
Fig. 1 *b*. Le même, vu en dessus.

DENDROCOLAPTES, Hermann.

DENDROCOLAPTES DECUMANUS, Illig. Brésil et Paraguay.

Fig. 2. L'oiseau réduit de moitié.

NASICA, Lesson (*Dendrocolaptes*, G. Cuv.).

NASICA NASALIS, Less. Brésil.

Fig. 3. Son bec de grandeur naturelle.

XIPHORHYNCHUS, Swainson (*Dendrocolaptes*, G. Cuv.).

XIPHORHYNCHUS PROCURVUS, Swains. Brésil.

Fig. 4. Son bec de grandeur naturelle.

TICHODROMA, Illiger.

TICHODROMA MURARIA, Illig. (*Ornith. Europ.*, Degl. et Gerbe, t. I, p. 190). Europe méridionale, Asie occidentale.

Fig. 5. Son bec de grandeur naturelle.
Fig. 5 *a*. Le même, vu en dessus.

NECTARINIA, Illiger.

NECTARINIA BORBONICA, Less. Ile Bourbon.

Fig. 6. Son bec de grandeur naturelle.
Fig. 6 *a*. Le même, vu en dessus.

Guérin et E. Traviès p.t Impr.e de Rémond. Giraud sculp.

Publié par J.B. Baillière et Fils, Paris.

PLANCHE XXVIII

ENRE DICÆUM, G. Cuv.

DICÆUM CRUENTATUM, Blyth. Bengale, Malacca, Bornéo.

Fig. 1. L'oiseau réduit aux deux tiers. Mâle adulte.
Fig. 1 *a*. Son bec de grandeur naturelle.
Fig. 1 *b*. Le même, vu en dessus.

DREPANIS, Temminck (*Melithreptus*, Vieill.).

DREPANIS COCCINEA, R. Gray. Iles de la Sonde.

Fig. 2. L'oiseau réduit de moitié. Mâle adulte.

CINNYRIS, G. Cuvier.

CINNYRIS SOLARIS, Less. Timor.

Fig. 3. L'oiseau réduit aux deux tiers. Mâle adulte.
Fig. 3 *a*. Son bec de grandeur naturelle.
Fig. 3 *b*. Le même, vu en dessus.

ARACHNOTHERA, Temminck.

ARACHNOTHERA LONGIROSTRIS, Temm. Java, Sumatra, Bornéo, les Célèbes.

Fig. 4. Son bec de grandeur naturelle.

Guérin et E. Traviès ping. Impr. de Rémond. Giraud sculp.

Publié par J.B. Baillière et Fils, Paris.

PLANCHE XXIX

‹RE TROCHILUS, Linné.

TROCHILUS GRANATINUS, Lath. Guyane, Brésil.

Fig. 1. L'oiseau de grandeur naturelle. Mâle.

GLAUCIS, Boie (*Trochilus*, G. Cuv.).

GLAUCIS HIRSUTUS, R. Gray. Brésil.

Fig. 2. L'oiseau de grandeur naturelle.

CALOTHORAX, R. Gray (*Orthorhynchus*, G. Cuv.).

CALOTHORAX CORA, R. Gray. Pérou.

Fig. 3. L'oiseau de grandeur naturelle.

LOPHORNIS, Lesson (*Orthorhynchus*, G. Cuv.).

LOPHORNIS MAGNIFICUS, Bp. Brésil.

Fig. 4. L'oiseau de grandeur naturelle. Mâle adulte.

Guérin et E. Travies p.t Imp.rie de Rémond. Giraud sculp.

Publié par J.B. Baillière et Fils, Paris.

PLANCHE XXX

NRE UPUPA, Linné.

UPUPA MINOR, Gmel. Afrique méridionale et occidentale.

Fig. 1. L'oiseau réduit au tiers.
Fig. 1 *a.* Son bec de grandeur naturelle, vu en dessus.

PROMEROPS, Brisson.

PROMEROPS CAFER, G. Cuv. Afrique australe.

Fig. 2. L'oiseau réduit au tiers.
Fig. 2 *a.* Son bec de grandeur naturelle.
Fig. 2 *b.* Le même, vu en dessus.

CRASPODOPHORA, R. Gray (*Epimacus*, G. Cuv.).

CRASPODOPHORA MAGNIFICA, R. Gray. Nouvelle-Guinée.

Fig. 3. L'oiseau réduit aux cinq sixièmes.
Fig. 3 *a.* Son bec de grandeur naturelle.
Fig. 3 *b.* Base du bec vu en dessus.

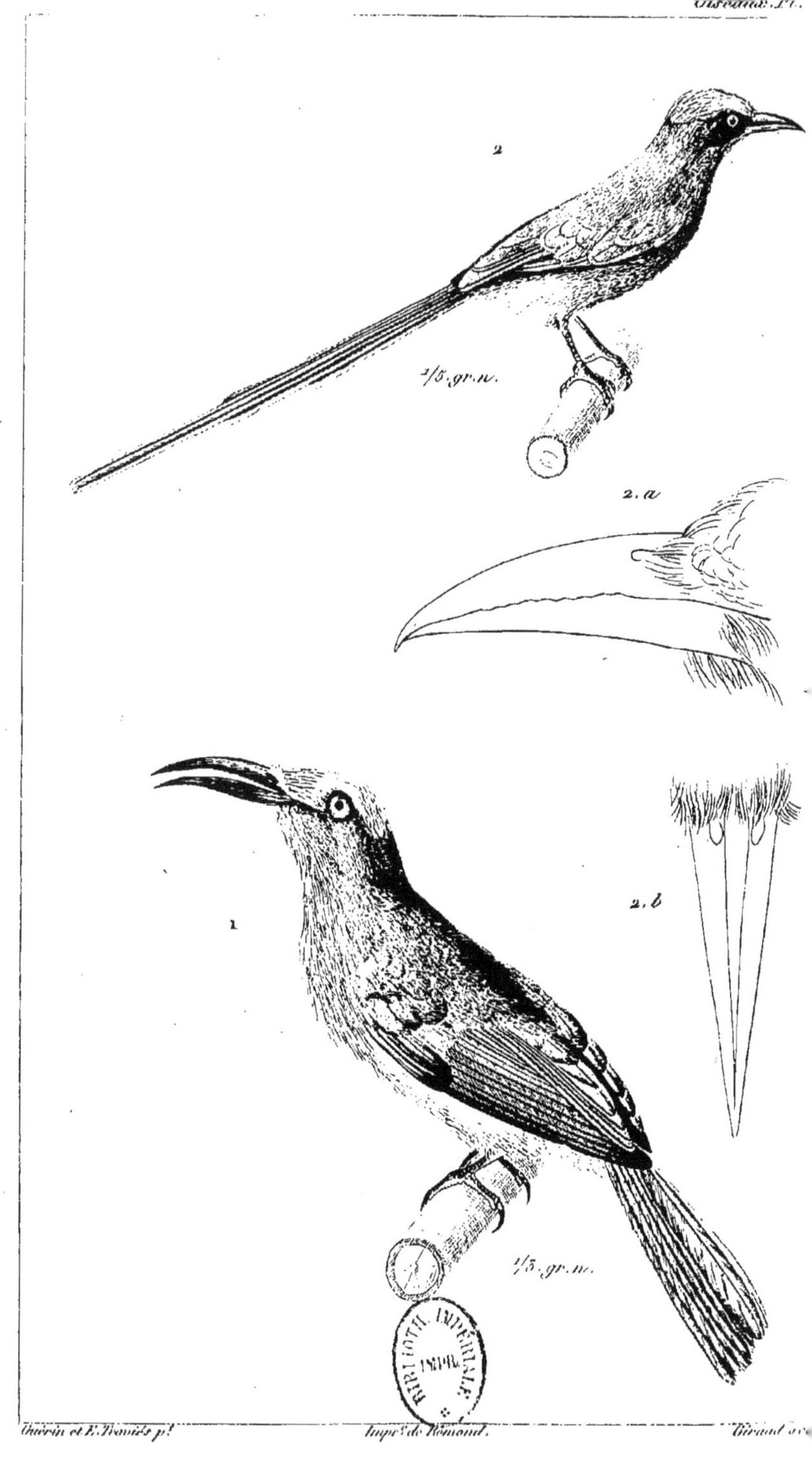

Publié par J.B.Baillière et Fils, Paris.

PLANCHE XXXI

ENRE NYCTIORNIS, Swainson (*Merops*, G. Cuv.).

NYCTIORNIS AMICTA, Swains. Malacca, Malaisie.

Fig. 1. L'oiseau réduit au tiers. Mâle adulte.

MOMOTUS, Brisson (*Prionites*, Illig.).

MOMOTUS BRASILIENSIS, Lath. Amérique méridionale, Cayenne.

Fig. 2. L'oiseau réduit au cinquième. Mâle adulte.
Fig. 2 *a*. Son bec de grandeur naturelle.
Fig. 2 *b*. Le même, vu en dessus.

Guérin et E. Traviès p.t Imp.r de Rémond. Giraud sculp.

Publié par J.B. Baillière et Fils, Paris.

PLANCHE XXXII

GENRE ALCEDO, Linné.

ALCEDO CRISTATA, Lin. Afrique méridionale.

Fig. 1. L'oiseau réduit aux deux tiers.
Fig. 1 *a*. Son bec de grandeur naturelle.
Fig. 1 *b*. Le même, vu en dessus.
Fig. 1 *c*. L'une de ses pattes de grandeur naturelle.

CEYX, Lacépède.

CEYX TRIDACTYLA, G. Cuv. Iles Philippines.

Fig. 2 L'oiseau réduit aux deux tiers.
Fig. 2 *a*. Son bec de grandeur naturelle.
Fig. 2 *b*. Le même, vu en dessus.
Fig. 2 *c*. L'une de ses pattes de grandeur naturelle.

Publié par J.B.Baillière et Fils, Paris.

PLANCHE XXXIII

GENRE TODUS, Linné.

TODUS SUBUTATUS, Gould. Saint-Domingue, Martinique.

Fig. 1. L'oiseau réduit aux deux tiers.
Fig. 1 *a.* Son bec, de grandeur naturelle, vu en dessus.
Fig. 1 *b.* L'une de ses pattes de grandeur naturelle.

BUCEROS, Linné.

BUCEROS HYDROCORAX, Lin. Iles Philippines.

Fig. 2. L'oiseau réduit au huitième. Adulte.
Fig. 2 *a.* Son bec réduit au quart.
Fig. 2 *b.* Le même, vu en dessus.

Guérin et E. Travies p.t Impr.e de Rémond. Giraud sculp.

Publié par J.B. Baillière et Fils, Paris.

III — LES GRIMPEURS

PLANCHE XXXIV

GENRE GALBULA, Brisson.

GALBULA ALBIROSTRIS, Lath. Guyane.

Fig. 1. L'oiseau réduit de moitié.
Fig. 1 *a.* Son bec de grandeur naturelle.
Fig. 1 *b.* Le même, vu en dessus.

JACAMARALCYON, G. Cuvier.

JACAMARALCYON TRIDACTYLA, R. Gray. Brésil.

Fig. 2. Son bec de grandeur naturelle.

PICUS, Linné.

PICUS LHERMINIERII, Less. Amérique du Nord.

Fig. 3. L'oiseau réduit au tiers. Mâle adulte.
Fig. 3 *a.* Son bec de grandeur naturelle.
Fig. 3 *b.* Le même, vu en dessus.

PICOIDES, Lacépède.

PICOIDES TRIDACTYLUS, R. Gray. Europe, Asie septentrionale.

Fig. 4. L'une de ses pattes de grandeur naturelle.

YUNX, Linné.

YUNX TORQUILLA, Lin. (*Ornith. Europ.*, Degl. et Gerbe, t. I, p. 159). Europe, Asie occidentale, Afrique septentrionale.

Fig. 5. L'oiseau réduit de moitié.
Fig. 5 *a.* Son bec de grandeur naturelle.
Fig. 5 *b.* Le même, vu en dessus.

Publié par J.B. Baillière et Fils, Paris.

PLANCHE XXXV

GENRE GUIRA, Lesson (*Vrais coucous*, G. Cuv.).

GUIRA ACANGATARA, Marcgr. Brésil.

Fig. 1. L'oiseau réduit au quart. Adulte.
Fig. 1 *a.* Son bec de grandeur naturelle.
Fig. 1 *b.* Le même, vu en dessus.

COCCYZUS, Vieillot (*Couas*, G. Cuv.).

COCCYZUS GEOFFROYI, Temm. Brésil.

Fig. 2. L'oiseau réduit au sixième.
Fig. 2 *a.* Son bec de grandeur naturelle.
Fig. 2 *b.* Le même, vu en dessus.

CENTROPUS, Illiger.

CENTROPUS MENEBIKI, Less. et Garnat. Nouvelle-Guinée.

Fig. 3. L'oiseau réduit au sixième.
Fig. 3 *a.* Son bec de grandeur naturelle.
Fig. 3 *b.* Le même, vu en dessus.

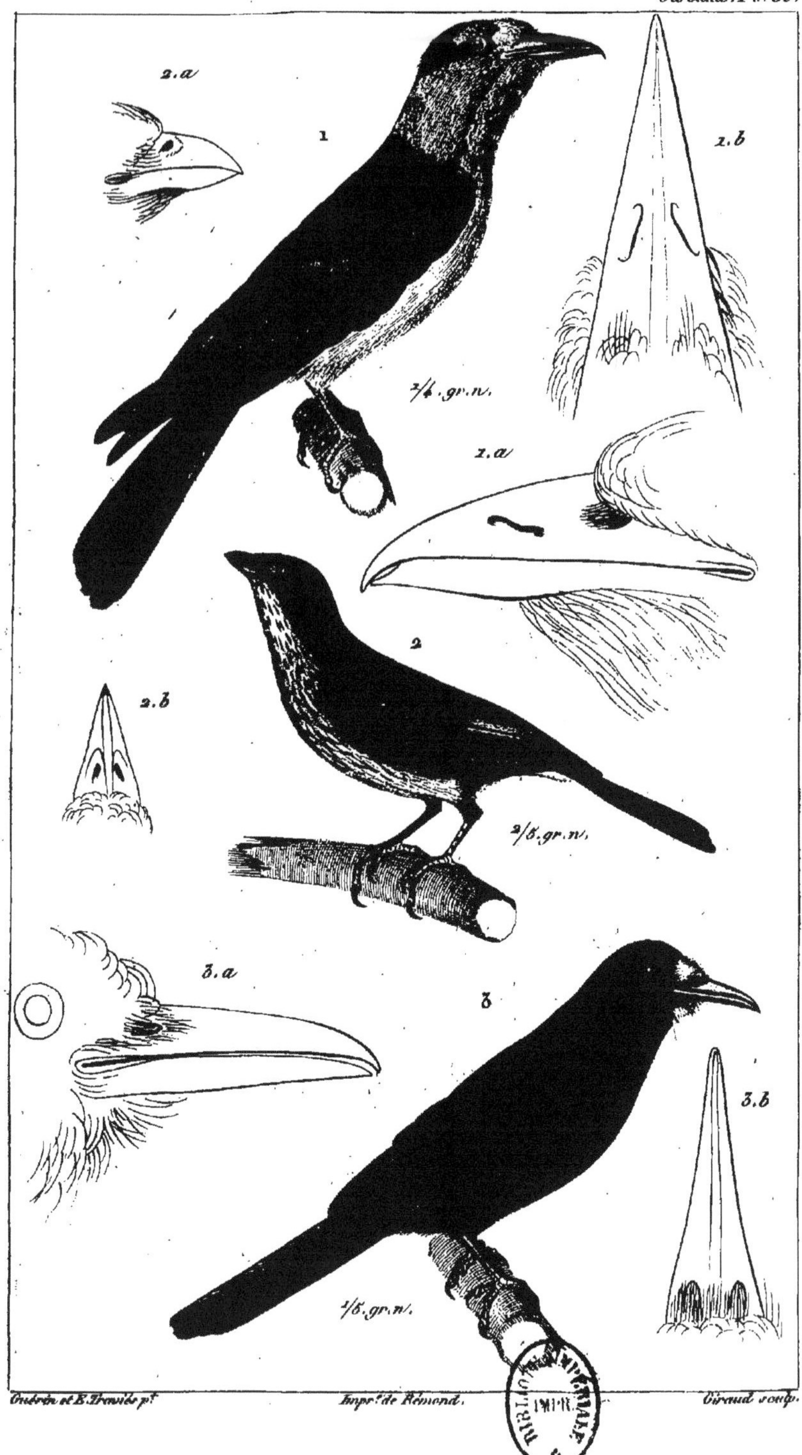

Guérin et E. Traviès p.t Impr.t de Rémond. Giraud sculp.

Publié par J.B. Baillière et Fils, Paris.

PLANCHE XXXVI

ENRE LEPTOTOMUS, Vieillot (*Courols*, G. Cuv.).

LEPTOTOMUS AFER, R. Gray. Madagascar.

Fig. 1. L'oiseau réduit au quart. Mâle adulte.
Fig. 1 *a*. Son bec de grandeur naturelle.
Fig. 1 *b*. Le même, vu en dessus.

INDICATOR, Vieillot.

INDICATOR MACULATUS, R. Gray. Afrique.

Fig. 2. L'oiseau réduit au cinquième. Femelle adulte.
Fig. 2 *a*. Son bec de grandeur naturelle.
Fig. 2 *b*. Le même, vu en dessus.

MONASA, Vieillot.

MONASA LEUCOPS, R. Gray, Amérique méridionale.

Fig. 3. L'oiseau réduit au cinquième.
Fig. 3 *a*. Son bec de grandeur naturelle.
Fig. 3 *b*. Le même, vu en dessus.

…udrin et E. Davide p.r Impr. de Rémond. Giraud sc.

Publié par J.B. Baillière et Fils, Paris.

PLANCHE XXXVII

NRE DASYLOPHUS, Swainson (*Malcoha*, G. Cuv.).

DASYLOPHUS SUPERCILIOSUS, Swains. Iles Philippines.

Fig. 1. L'oiseau réduit au tiers.
Fig. 1 *a*. Son bec de grandeur naturelle.

SCYTHROPS, Latham.

SCYTHROPS NOVÆ-HOLLANDIÆ, Lath. Nouvelle-Hollande.

Fig. 2. L'oiseau réduit au sixième.

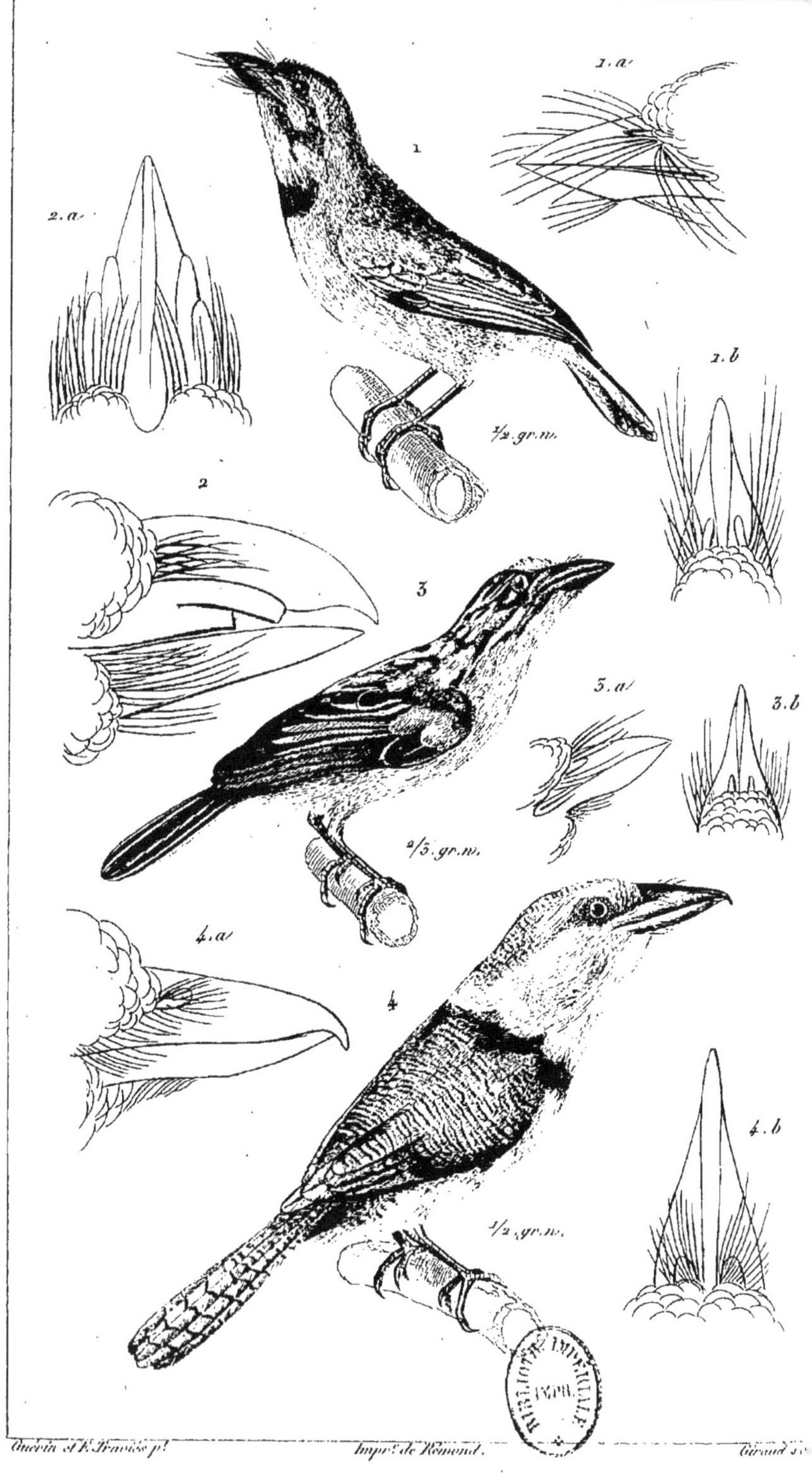

Guérin et E. Traviès p! Impr.e de Rémond. Giraud sc.

Publié par J.B. Baillière et Fils, Paris.

PLANCHE XXXVIII

GENRE MEGALAIMA, R. Gray (*Bucco*, G. Cuv.).

MEGALAIMA TRIMACULATA, R. Gray. Bornéo, Sumatra, Malacca.

Fig. 1. L'oiseau réduit de moitié. Mâle adulte.
Fig. 1 *a*. Son bec de grandeur naturelle.
Fig. 1 *b*. Le même, vu en dessus.

POGONIAS, Illiger.

POGONIAS DUBIUS, Bp. Sénégal.

Fig. 2. Son bec de grandeur naturelle.
Fig. 2 *a*. Le même, vu en dessus.

BARBATULA, Lesson (*Bucco*, G. Cuv.).

BARBATULA NANA, R. Gray. Afrique méridionale et orientale.

Fig. 3. L'oiseau réduit aux deux tiers. Mâle adulte.
Fig. 3 *a*. Son bec de grandeur naturelle.
Fig. 3 *b*. Le même, vu en dessus.

TAMATIA, G. Cuvier.

TAMATIA COLLARIS, G. Cuv. Amérique méridionale.

Fig. 4. L'oiseau réduit de moitié. Mâle adulte.
Fig. 4 *a*. Son bec de grandeur naturelle.
Fig. 4 *b*. Le même, vu en dessus.

Guérin et E. Traviès p.t Impr.ie de Rémond. Girand sc.

Publié par J.B. Baillière et Fils, Paris.

PLANCHE XXXIX

GENRE CALURUS, Swains. (*Trogon*, Spix).

CALURUS PAVONINUS, Swains. Brésil.

Fig. 1. L'oiseau réduit au cinquième. Mâle adulte.

HARPACTES, Swains. (*Trogon*, G. Cuv.).

HARPACTES RUTILUS, Blyth. Sumatra, Bornéo.

Fig. 2. Son bec de grandeur naturelle.
Fig. 2 *a*. Le même, vu en dessus.

RAMPHASTOS, Linné.

RAMPHASTOS MAXIMUS, G. Cuv. Brésil.

Fig. 3. L'oiseau réduit au cinquième. Mâle adulte.

CROTOPHAGA, Linné.

CROTOPHAGA MAJOR, Lin. Brésil.

Fig. 4. Son bec de grandeur naturelle.

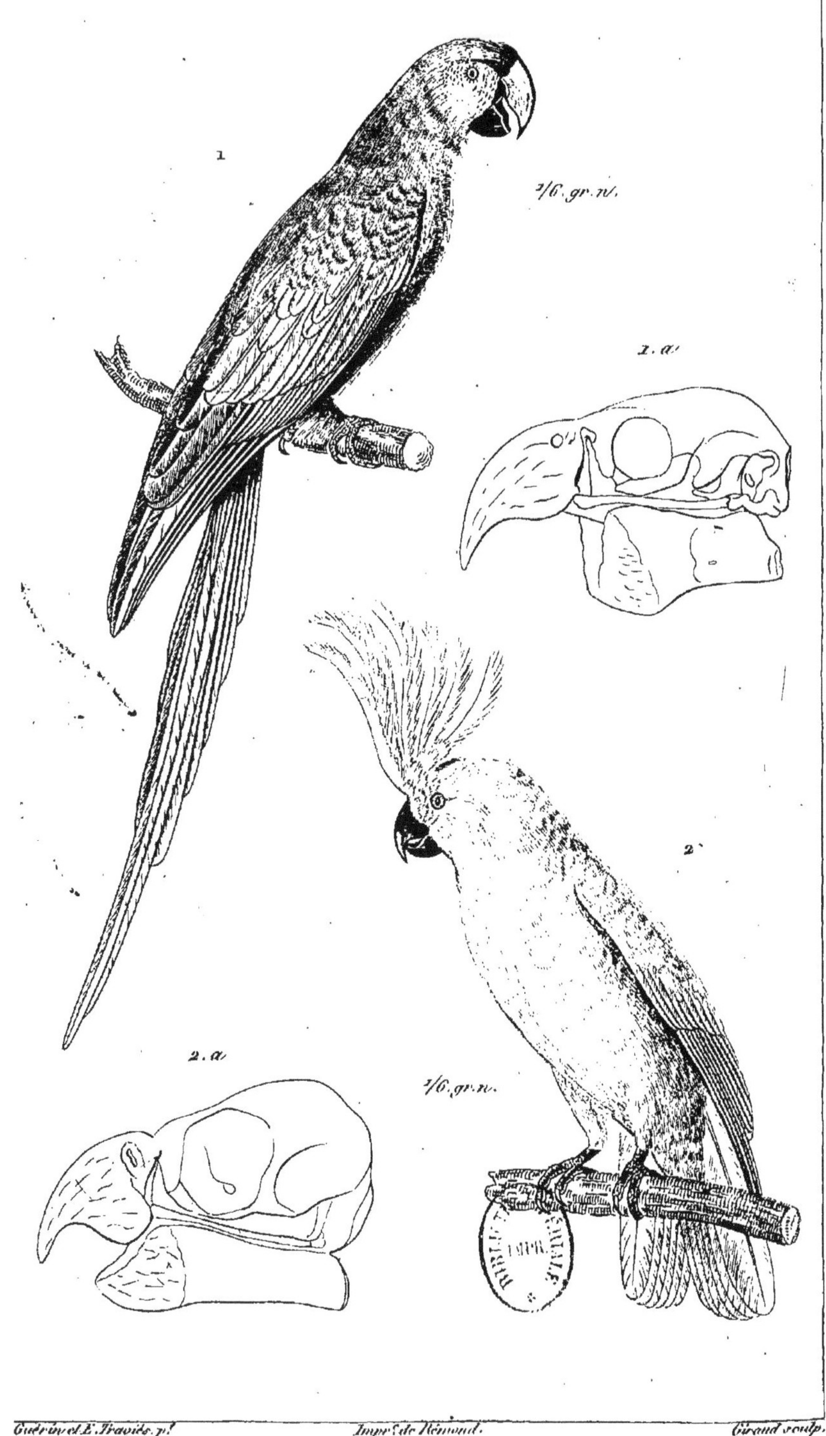

Guérin et E. Travies p.t Impr.ie de Rémond. Giraud sculp.

Publié par J.B. Baillière et Fils, Paris.

PLANCHE XL

RE ARA, Brisson.

ARA ARACANGA, G. Cuv. Jamaïque, Brésil.

Fig. 1. L'oiseau réduit au sixième.
Fig. 1 *a*. Son crâne, au trait, réduit de moitié.

CACATUA, Brisson.

CACATUA GALERITA, Vieill. Nouvelle-Guinée, Nouvelle-Galles du Sud.

Fig. 2. L'oiseau réduit au sixième.
Fig. 2 *a*. Son crâne, au trait, réduit de moitié.

E. Guérin p.t Impr.ie de Rémond. Annedouche sc.

Publié par J.B. Baillière et Fils, Paris.

PLANCHE XLI

NRE CONURUS, Kuhl.

CONURUS PALLICEPS, Lear. Amérique méridionale.

Fig. 1. L'oiseau réduit de moitié. Mâle adulte.

AMAZONA, Schlegel (*Psittacus*, G. Cuv.).

AMAZONA LEUCOGASTER, Schleg. Cayenne.

Fig. 2. L'oiseau réduit de moitié. Mâle adulte.

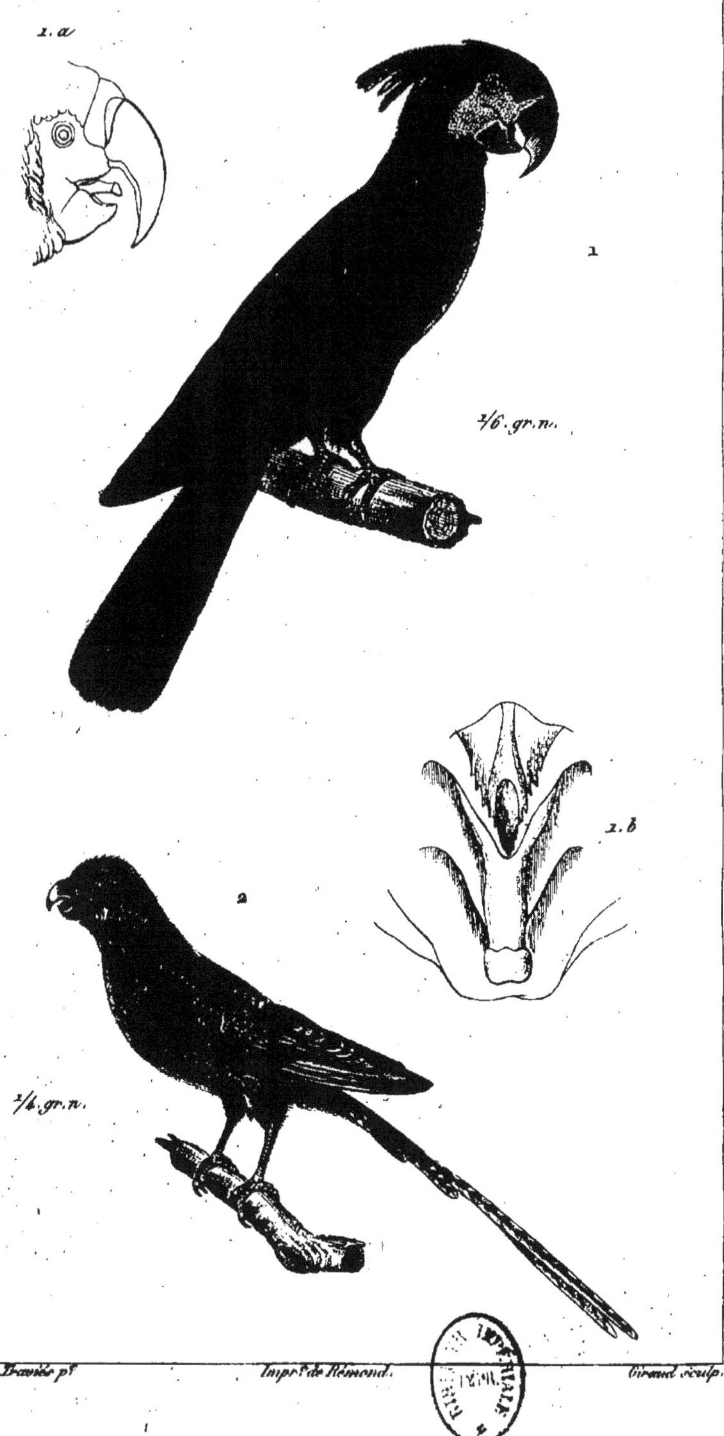

...érin et E. Traviès p.t Impr.ie de Rémond. Giraud sculp.

Publié par J.B. Baillière et Fils, Paris.

PLANCHE XLII

GENRE MICROGLOSSUM, Et. Geoffroy-Saint-Hilaire (*Perroquets à trompe*, G. Cuv.).

MICROGLOSSUM ATERRIMUM, Et. Geoff. Nouvelle-Guinée.

Fig. 1. L'oiseau réduit au sixième.
Fig. 1 *a*. Son bec ouvert, réduit au tiers.
Fig. 1 *b*. Son appareil hyoïdien, à l'extrémité duquel est la langue, réduite à un petit tubercule en forme de gland.

PEZOPHORUS, Illiger.

PEZOPHORUS FORMOSUS, Illiger. Australie.

Fig. 2. L'oiseau réduit au quart.

...urin et E. Traviès pt. Impr. de Rémond. Giraud sculp.

Publié par J. B. Baillière et Fils, Paris.

PLANCHE XLIII

GENRE MUSOPHAGA, Isert.

MUSOPHAGA GIGANTEA, Vieill. Afrique.

Fig. 1. L'oiseau réduit au huitième. Mâle adulte.

MUSOPHAGA VIOLACEA, Isert. Sénégal.

Fig. 2. Son bec de grandeur naturelle.

TURACUS, G. Cuvier.

TURACUS ERYTHROLOPHOS, Bp. Afrique méridionale.

Fig. 3. L'oiseau réduit au cinquième. Mâle adulte.

TURACUS PERSA, Bp. Afrique occidentale.

Fig. 4. Son bec de grandeur naturelle.

Guérin et E. Traviès p.t Impr.e de Rémond. Giraud sculp.

Publié par J. B. Baillière et Fils, Paris.

IV — LES GALLINACÉS

PLANCHE XLIV

GENRE OPISTHOCOMUS, Hoffmansegg.

OPISTHOCOMUS CRISTATUS, Illig. Cayenne.

Fig. 1. L'oiseau réduit au septième.

CRAX, Linné.

CRAX RUBRA, Lin. La Guyane.

Fig. 2. L'oiseau réduit au huitième.

PENELOPE, Merrem.

PENELOPE CRISTATA, Lath. Brésil, Mexique, Guyane.

Fig. 3. Sa tête réduite de moitié.

GENRE ORTALIDA, Merrem.

ORTALIDA MOTMOT, Wagl. Brésil, Guyane, Paraguay.

Fig. 4. Sa tête réduite de moitié.

OURAX, G. Cuvier.

OURAX PAUXI, G. Cuv. Guyane.

Fig. 5. Sa tête réduite de moitié.

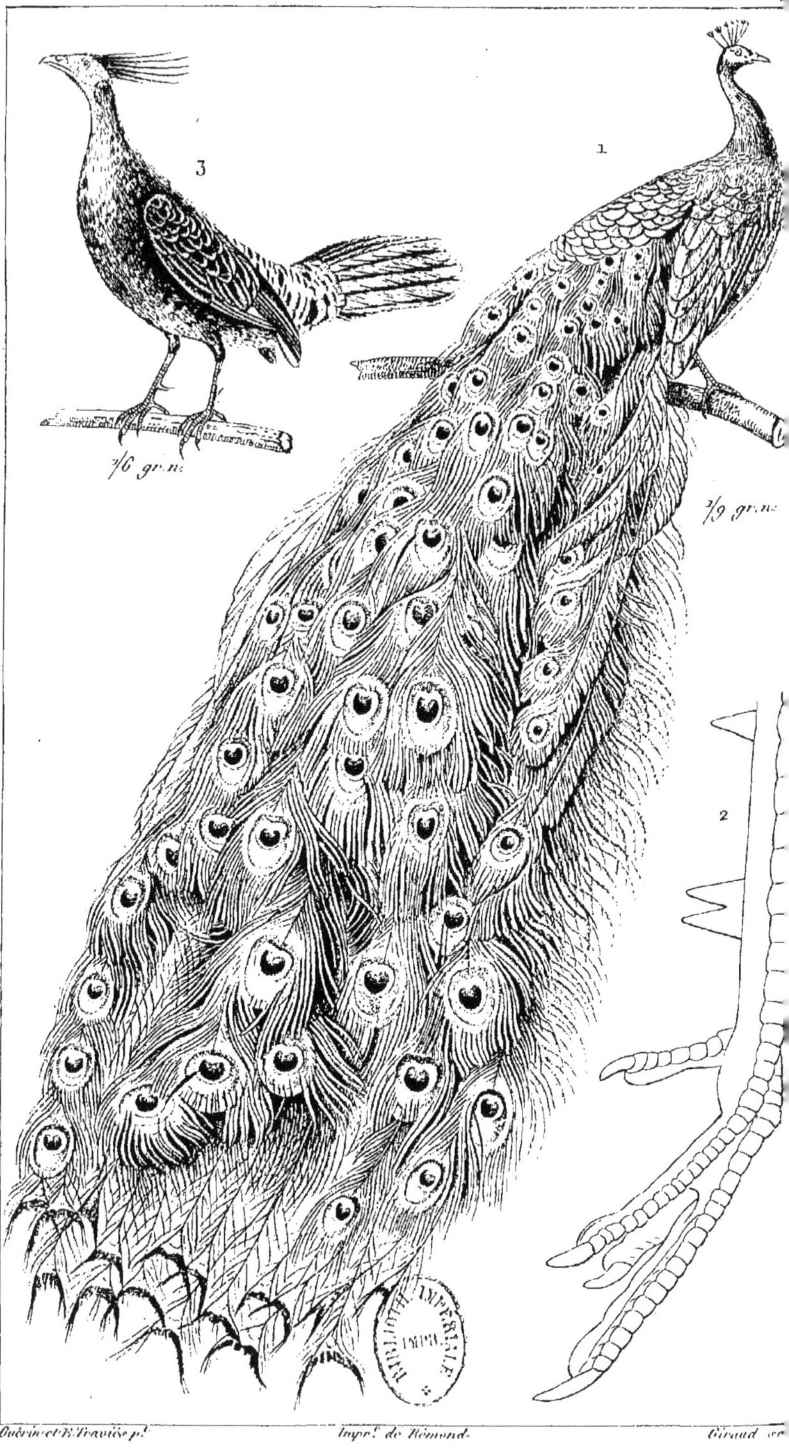

Oudart et E. Traviès p.t Impr.e de Rémond. Giraud sc.

Publié par J. B. Baillière et Fils, Paris.

PLANCHE XLV

GENRE PAVO, Linné.

PAVO CRISTATUS, Lin. Inde occidentale. Domestiqué en Europe.

Fig. 1. L'oiseau réduit au neuvième. Mâle adulte.

GALLOPHASIS, Hodgs, (*Lophophorus*, Temm.).

GALLOPHASIS LEUCOMELANUS, Bp. Bengale.

Fig. 3. L'oiseau réduit au sixième. Mâle adulte.

POLYPLECTRUM, Temminck (*Pavo*, G. Cuv.).

POLYPLECTRUM HARDWICKII, R. Gray. Inde.

Fig. 2. L'une de ses pattes de grandeur naturelle.

1
2
3
4
2/7. gr. n.
2/8. gr. n.
Guérin et P. Travies p.
Impr. de Rémond.
Giraud sculp.
Publié par J. B. Baillière et Fils, Paris.

PLANCHE XLVI

GENRE NUMIDA, Linné.

NUMIDA PTILORHYNCHA, Licht. Afrique.

Fig. 1. L'oiseau réduit au septième.

QUERELEA Reichenbach (*Numida*, G. Cuv.).

QUERELEA MITRATA, Reich. Madagascar, la Californie, la Cafrerie.

Fig. 2. Sa tête réduite de moitié.

GUTTERA, Wagler (*Numida*), G. Cuv.).

GUTTERA CRISTATA, Wagl. Cap de Bonne-Espérance.

Fig. 3. Sa tête réduite de moitié.

MELEAGRIS, Linné.

MELEAGRIS OCELLATA, G. Cuv. Baie de Honduras.

Fig. 4. L'oiseau réduit au huitième. Mâle adulte.

uérin et E. Traviès p.t Impr.ie de Rémond. Giraud sculp.

Publié par J. B. Baillière et Fils, Paris

PLANCHE XLVII

GENRE PHASIANUS, Linné.

PHASIANUS TORQUATUS, Lin. Chine. Acclimaté en Europe.

Fig. 1. L'oiseau réduit au neuvième. Mâle adulte.

GALLUS, Linné.

GALLUS BANKIVA, Temm. Iles Philippines, Java, Sumatra.

Fig. 2. L'oiseau réduit au huitième. Mâle adulte.
Fig. 2 *a*. Sa femelle réduite au huitième. Adulte.

Guérin et E. Travies p.t Impr.t de Rémond. Giraud sculp.

Publié par J.B. Baillière et Fils, Paris.

PLANCHE XLVIII

GENRE CRYPTONYX, Temminck.

CRYPTONYX CORONATUS, Temm. Malacca, Sumatra, Java.

Fig. 1. L'oiseau réduit au quart. Mâle adulte.

ACOMUS, Reichenbach (*Houppifères*, Temm.).

ACOMUS DIARDI, Reich. Iles de la Sonde.

Fig. 2. L'oiseau réduit au sixième. Mâle adulte.

EUPLOCOMUS (*Houppifères*, Temm.).

EUPLOCOMUS IGNITUS, R. Gray. Iles de la Sonde.

Fig. 3. Sa tête réduite environ au quart.

SATYRA, Lesson (*Tragopan*, G. Cuv.).

SATYRA CORNUTA, R. Gray. Inde septentrionale.

Fig. 4. L'oiseau réduit au cinquième.

Guérin et E. Traviès p.t Impr.e de Rémond. Giraud sculp.

Publié par J. B. Baillière et Fils, Paris.

PLANCHE XLIX

RE BONASA, Stephens (*Tetrao*, Lath.).

BONASA UMBELLUS, Steph. New-York.

Fig. 1. L'oiseau réduit au quart.
Fig. 2. Son bec de grandeur naturelle.
Fig. 3. Sa patte de grandeur naturelle.

LAGOPUS, Brisson (*Lagopèdes*, G. Cuv.).

LAGOPUS MUTUS, Leach. (*Ornith. Europ.*, Degl. et Gerbe, t. II, p. 40). Europe et Amérique septentrionales.

Fig. 4. L'oiseau réduit au quart. Plumage d'été.

LAGOPUS SCOTICUS, Lath. Grande-Bretagne.

Fig. 5. Son bec de grandeur naturelle.

PTEROCLES, Temminck.

PTEROCLES ARENARIUS, Temm. (*Ornith. Europ.*, Degl. et Gerbe, t. II, p. 25). Espagne, Barbarie, Sénégambie.

Fig. 6. L'oiseau réduit au quart. Mâle adulte.
Fig. 7. Son bec de grandeur naturelle.
Fig. 8. L'une de ses pattes de grandeur naturelle.

Guérin et E. Traviès p.t Impr.e de Rémond Giraud sculp.

Publié par J. B. Baillière et Fils, Paris

PLANCHE L

GENRE FRANCOLINUS, Stephens.

FRANCOLINUS VULGARIS, Steph. (*Ornith. Europ.*, Degl. et Gerbe, t. II, p. 59). Europe méridionale, Afrique occidentale.

Fig. 1. Son bec de grandeur naturelle.

GALLOPERDIX, Blyth. (*Perdrix ordinaires*, G. Cuv.).

GALLOPERDIX OCULEA, Bp. Java.

Fig. 2. L'oiseau réduit au quart. Adulte.

PERDIX, Brisson.

PERDIX PETROSA, Lath. (*Ornith. Europ.*, Degl. et Gerbe, t. II, p. 71). Europe méridionale, Afrique occidentale.

Fig. 3. L'oiseau réduit au cinquième. Adulte.

PERDIX RUBRA, Briss. (*Ornith. Europ.*, Degl. et Gerbe, t. II, p. 69). Europe.

Fig. 4. Sa tête de grandeur naturelle.

STARNA, Ch. Bonaparte.

STARNA CINEREA, Bp. (*Ornith. Europ.*, Degl. et Gerbe, t. II, p. 73). Europe.

Fig. 5. Sa tête de grandeur naturelle.

LOPHORTYX, Ch. Bonaparte (*Colins*, G. Cuv.).

LOPHORTYX CALIFORNICA, Bp. Californie.

Fig. 6. L'oiseau réduit au quart. Mâle adulte.

ODONTOPHORUS, Vieill. (*Colins*, G. Cuv.).

ODONTOPHORUS DENTATUS, Lichst. Le Paraguay.

Fig. 7. Son bec de grandeur naturelle.

...et E. Traviès p.t   Impr. de Rémond.   Giraud sculp.t

Publié par J. B. Baillière et Fils, Paris.

PLANCHE LI

GENRE COTURNIX, Mœhring.

COTURNIX CHINENSIS, G. Cuv. Guinée, Timor, Batavia.

Fig. 1. L'oiseau réduit de moitié. Mâle adulte.
Fig. 1 *a*. Son bec un peu grossi.

TURNIX, Bonnaterre.

TURNIX PUGNAX, G. Cuv. Ile de Bourou, Java, Calcutta, Manille.

Fig. 2. L'oiseau réduit aux deux cinquièmes.
Fig. 2 *a*. Son bec un peu grossi.

SYRRHAPTES, Illig.

SYRRHAPTES PARADOXUS, Lichst. (*Ornith. Europ.*, Degl. et Gerbe, t. II, p. 28). Asie centrale, accidentellement en Europe.

Fig. 3. Son bec de grandeur naturelle.
Fig. 4. L'une de ses pattes de grandeur naturelle.

RHYNCHOTUS, Spix.

RHYNCHOTUS RUFESCENS, Wagl. Brésil, Paraguay.

Fig. 5. L'oiseau réduit au cinquième.

TINAMUS, Latham.

TINAMUS BRASILIENSIS, Lath. Brésil.

Fig. 6. Son bec vu de profil.

Guérin et E. Traviès p.t Impr.e de Rémond. Giraud sculp.

Publié par J. B. Baillière et Fils, Paris.

PLANCHE LII

GENRE LOPHYRUS, Vieillot (*Columbi-Gallines*, G. Cuv.).

LOPHYRUS CORONATUS, Vieill. Archipel indien.

Fig. 1. L'oiseau réduit au septième.

PTILOPUS, Swainson (*Colombes*, G. Cuv.).

PTILOPUS ROSCICOLLIS, R. Gray. Java, Sumatra.

Fig. 2. L'oiseau réduit au cinquième.

TRERON, Vieillot (*Vinago*, G. Cuv.).

TRERON AROMATICA, R. Gray. Java.

Fig. 3. L'oiseau réduit au tiers.

Publié par J. B. Baillière et Fils, Paris.

V — LES ÉCHASSIERS

ÉCHASSIERS BRÉVIPENNES

PLANCHE LIII

GENRE STRUTHIO, Linné.

STRUTHIO CAMELUS, Lin. Afrique.

Fig. 1. L'oiseau réduit au vingt-cinquième. Mâle adulte.
Fig. 1 *a*. Sa tête réduite au cinquième.

CASUARIUS, Brisson.

CASUARIUS EMU, Lath. Iles Moluques.

Fig. 2. L'oiseau réduit au vingtième.
Fig. 2 *a*. Sa tête et une partie du cou.
Fig. 2 *b*. L'une des plumes du croupion.
Fig. 2 *c*. L'une des plumes de la poitrine.

...n. et E. Traviès p.t Impr.ie de Rémond. Giraud sculp.

Publié par J.B. Baillière et Fils, Paris.

PLANCHE LIV

ꞂNRE EUPODOTIS, Lesson (*Otis*, Lin.).

EUPODOTIS DENHAMI, Less. Cap de Bonne-Espérance.

Fig. 1. L'oiseau réduit au huitième. Mâle adulte.

EUPODOTIS AFRA, Less. Afrique.

Fig. 3. Son bec de grandeur naturelle.

TETRAX, Leach.

TETRAX CAMPESTRIS, Leach (*Ornith. Europ.*, Degl. et Gerbe, t. II, p. 100). Europe centrale et orientale. Barbarie.

Fig. 2. Son bec de grandeur naturelle.

ŒDICNEMUS, Temminck.

ŒDICNEMUS MACULOSUS, G. Cuv. Cap de Bonne-Espérance. Égypte.

Fig. 4. L'oiseau réduit au cinquième.

ŒDICNEMUS CREPITANS, Temm. Europe, Afrique.

Fig. 5. Son bec de grandeur naturelle.

SARCIOPHORUS, Strickland (*Charadrius*, G. Cuv.).

SARCIOPHORUS BILOBUS, Strick. Pondichéry.

Fig. 6. L'oiseau réduit au quart. Mâle adulte.

Guérin et E. Traviès p.t Impr.ie de Rémond. Giraud sculp.

Publié par J.B. Baillière et Fils, Paris.

PLANCHE LV

GENRE HOPLOPTERUS, Ch. Bonaparte (*Vanellus*, G. Cuv.).

HOPLOPTERUS CAYENNENSIS, Bp. Brésil, Guyane.

Fig. 1. L'oiseau réduit au cinquième.

VANELLUS, G. Cuvier.

VANELLUS CRISTATUS (*Ornith. Europ.*, Degl. et Gerbe, t. II, p. 148). Europe.

Fig. 4. Son bec de grandeur naturelle.

SQUATAROLA, G. Cuvier.

SQUATAROLA HELVETICA, G. Cuv. (*Ornith. Europ.*, Degl. et Gerbe, t. II, p. 127). Europe, Amérique septentrionale.

Fig. 5. Son bec de grandeur naturelle.

HÆMATOPUS, Linné.

HÆMATOPUS PALLIATUS, Temm. Brésil.

Fig. 2. L'oiseau réduit au cinquième.

CURSORIUS, Latham.

CURSORIUS COROMANDELICUS, Lath. Inde, Sénégal, Cap de Bonne-Espérance.

Fig. 3. L'oiseau réduit au quart. Mâle adulte.
Fig. 3 *a*. Son bec de grandeur naturelle.

Guérin et E. Traviès p.t Impr.e de Rémond. Girau

Publié par J. B. Baillière et Fils, Paris

PLANCHE LVI

RE CARIAMA, Brisson.

CARIAMA CRISTATA, R. Gray. Amérique méridionale.

Fig. 1. L'oiseau réduit au septième.
Fig. 1 *a.* Son bec, moitié de grandeur naturelle.

ÉCHASSIERS CULTRIROSTRES

PSOPHIA, Barrère.

PSOPHIA CREPITANS, Lin. Guyane.

Fig. 2. L'oiseau réduit au huitième.
Fig. 2 *a.* Son bec, moitié de grandeur naturelle.

GRUS, Linné.

GRUS CARUNCULATA, Vieill. Afrique méridionale, Cafrerie, Cap de Bonne-Espérance.

Fig. 3. L'oiseau réduit au sixième.
Fig. 3 *a.* Son bec réduit environ au quart.

Guérin et E. Traviès p.^t Impr.^r de Rémond Giraud sculp.

Publié par J. B. Baillière et Fils, Paris.

PLANCHE LVII

ENRE CANCROMA, Linné.

CANCROMA COCHLEARIA, Lin. Amérique méridionale, Brésil.

Fig. 1. L'oiseau réduit au sixième. Mâle adulte.

ARDEA, Linné.

ARDEA AGASSIZII, Gmel. Brésil, Cayenne.

Fig. 2. L'oiseau réduit au sixième. Mâle adulte.

BOTAURUS, Brisson (*L. Butors*, A. Cuv.).

BOTAURUS FRETI-HUDSONIS, B-iss. (*Ornith. Europ.*, Degl. et Gerbe, t. II, p. 309). Amérique septentrionale, Mexique, accidentellement en Europe.

Fig. 3. Son bec réduit de moitié.

Werner et E. Traviès p.t Impr. de Rémond. Giraud sculp.

Publié par J. B. Baillière et Fils, Paris.

PLANCHE LVIII

GENRE CICONIA, Linné.

CICONIA MAGUARI, Temm. Amérique méridionale, Brésil.

Fig. 1. L'oiseau réduit au treizième. Mâle adulte.

MYCTERIA, Linné.

MYCTERIA SENEGALENSIS, Shaw. Sénégambie, Abyssinie.

Fig. 2. Son bec réduit au cinquième environ.

SCOPUS, Brisson.

SCOPUS UMBRETTA, Vieill. Afrique méridionale et septentrionale, Arabie, Madagascar, Sénégal, Gambie.

Fig. 3. L'oiseau réduit au septième. Adulte.
Fig. 3 *a*. L'une de ses pattes réduite.

Publié par J. B. Baillière et Fils, Paris.

PLANCHE LIX

GENRE ANASTOMUS, Bonnaterre.

ANASTOMUS LAMELLIGERUS, Temm. Afrique méridionale et occidentale, Sénégambie, Guinée.

Fig. 1. L'oiseau réduit au huitième. Adulte.
Fig. 1 *a*. L'une des plumes du ventre.

TANTALUS, Linné.

TANTALUS IBIS, Lin. Afrique, Nubie, Sénégambie.

Fig. 2. L'oiseau réduit au dixième. Adulte.

PLATALEA, Linné.

PLATALEA AJAJA, Lin. Paraguay, Chili, Pérou, Brésil.

Fig. 3. L'oiseau réduit au septième. Mâle adulte.

Fig. 3 *a*. Son bec réduit au tiers environ, vu en dessus.
Fig. 3 *b*. Le même, vu de profil.

Guérin et E. Travies p.t Impr.e de Rémond Giraud sculp.

Publié par J. B. Baillière et Fils, Paris.

PLANCHE LX

GENRE XYLOCOTA, Ch. Bonaparte (*Scolopax*, G. Cuv.).

XYLOCOTA GIGANTEA, Bp. Brésil.

Fig. 1. L'oiseau réduit au cinquième.
Fig. 1 *a*. L'extrémité de son bec, de grandeur naturelle.

RHYNCHÆA, G. Cuvier.

RHYNCHÆA SEMICOLLARIS, Vieill. Brésil.

Fig. 2. L'oiseau réduit au tiers. Mâle adulte.

IBIS, Savigny.

IBIS RELIGIOSA, Savig. Afrique orientale, Nubie, Abyssinie.

Fig. 3. L'oiseau réduit au huitième. Adulte.

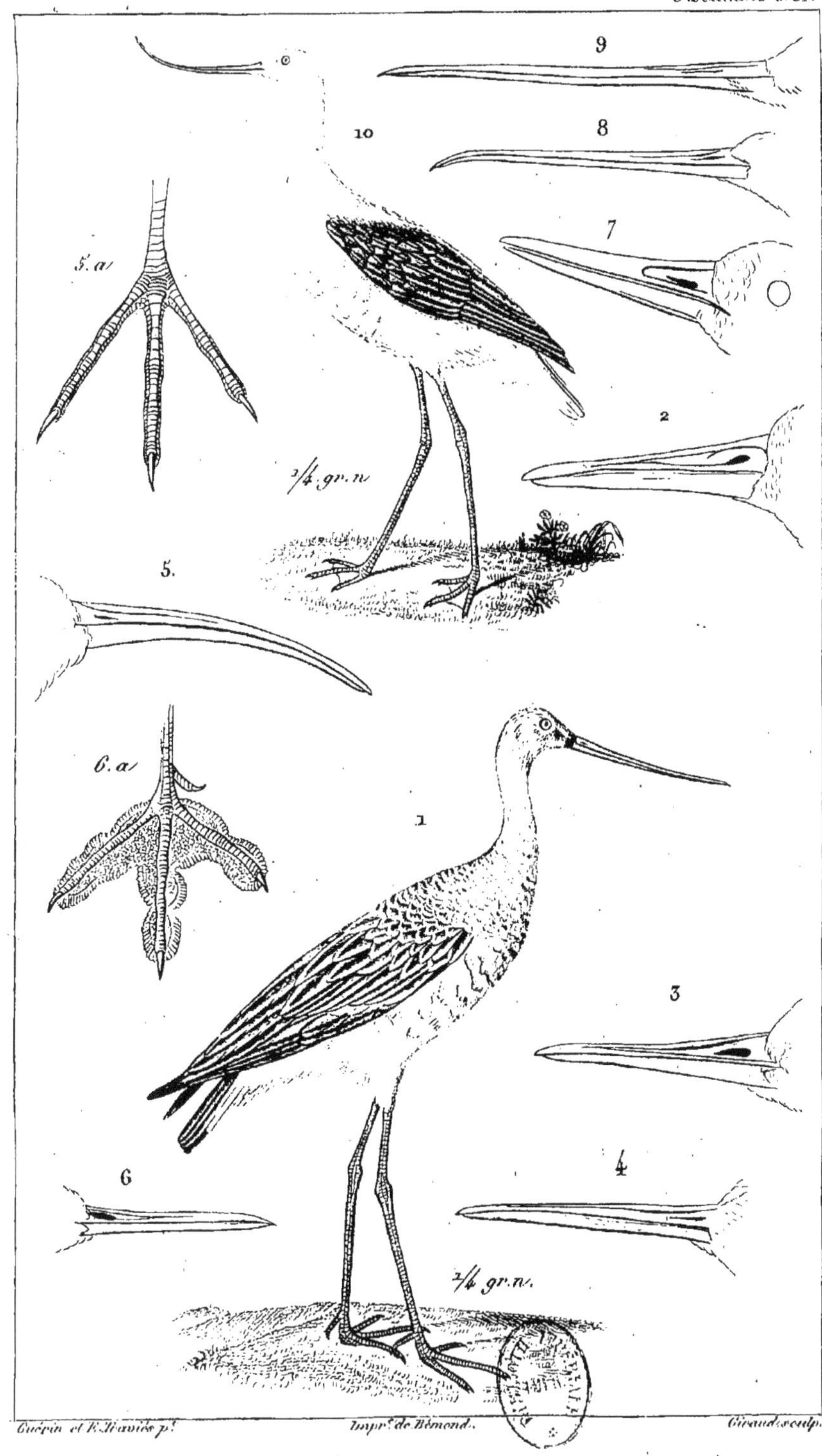

Guérin et E. Traviès p.t Impr.r de Rémond. Giraud sculp.

Publié par J.B. Baillière et Fils, Paris.

PLANCHE LXI

GENRE LIMOSA, Brisson.

LIMOSA MELANURA, Leisl. (*Ornith. Europ.*, Degl. et Gerbe, t. II, p. 167). Europe.

Fig. 1. L'oiseau réduit au quart.

TRINGA, Linné (*Calidris*, G. Cuv.).

TRINGA CANUTUS, Lin. (*Ornith. Europ.*, Degl. et Gerbe, t. II, p. 190). Europe, Amérique septentrionale.

Fig. 2. Son bec de grandeur naturelle.

ARENARIA, Brisson.

ARENARIA CALIDRIS, G. Cuv. (*Ornith. Europ.*, Degl. et Gerbe, t. II, p. 188). Europe, Amérique septentrionale.

Fig. 3. Son bec de grandeur naturelle.

PELIDNA, G. Cuvier.

PELIDNA CINCLUS, Bp. (*Ornith. Europ.*, Degl. et Gerbe, t. II, p. 197). Europe, Amérique septentrionale.

Fig. 4. Son bec de grandeur naturelle.

LIMICOLA, Koch (*Falcinelles*, G. Cuv.).

LIMICOLA PYGMÆA, Koch. Afrique.

Fig. 5. Son bec de grandeur naturelle.
Fig. 5 *a*. Sa patte droite de grandeur naturelle.

PHALAROPUS, Brisson.

PHALAROPUS FULICARIUS, Bp. (*Ornith. Europ.*, Degl. et Gerbe, t. II, p. 236). Europe.

Fig. 6. Son bec de grandeur naturelle.
Fig. 6 *a*. Sa patte droite de grandeur naturelle.

GENRE STREPSILAS, Illiger.

STREPSILAS INTERPRES, Illig. (*Ornith. Europ.*, Degl. et Gerbe, t. II, p. 153). Europe, Amérique boréale.

Fig. 7. Son bec de grandeur naturelle.

TOTANUS, Bechstein.

TOTANUS FUSCUS, Bechst. (*Ornith. Europ.*, Degl. et Gerbe, t. II, p. 216). Europe septentrionale.

Fig. 8. Son bec de grandeur naturelle.

HIMANTOPUS, Brisson.

HIMANTOPUS CANDIDUS, Bonnat. (*Ornith. Europ.*, Degl. et Gerbe, t. II, p. 246). Europe, Afrique, Asie.

Fig. 9. Son bec de grandeur naturelle.

RECURVIROSTRA, Linné.

RECURVIROSTRA ORIENTALIS, G. Cuv. Mers des Indes.

Fig. 10. L'oiseau réduit au quart.

Publié par J.B. Baillière et Fils, Paris

PLANCHE LXII

[GE]NRE METOPIDIUS, Wagler (*Parra*, G. Cuv.).

METOPIDIUS ALBINUCHA, Is. Geoffr. Afrique.

Fig. 1. L'oiseau réduit au cinquième. Mâle adulte.
Fig. 1 *a*. L'ongle du pouce de grandeur naturelle, vu de face et de profil.
Fig. 1 *b*. Pli de l'aile montrant l'éperon.

PALAMEDEA, Linné.

PALAMEDEA CORNUTA, Lin. Guyane, Brésil.

Fig. 2. Sa tête réduite au tiers environ.

CHAUNA, Illiger.

CHAUNA CHAVARIA, Illig. Paraguay, Brésil méridional.

Fig. 3. L'oiseau réduit au onzième. Adulte.

MEGAPODIUS, Quoy et Gaimard.

MEGAPODIUS DUPERREYI, Garn. et Less. Nouvelle-Guinée.

Fig. 4. L'oiseau réduit au cinquième. Adulte.

Guérin et E. Traviès p.

Impr. de Rémond.

Giraud sc.

Publié par J.B. Baillière et Fils, Paris.

PLANCHE LXIII

GENRE RALLUS, Linné.

RALLUS GULARIS, G. Cuv. Cap de Bonne-Espérance, Ile de France.

Fig. 1. L'oiseau réduit au cinquième.

RALLUS AQUATICUS, Lin. (*Ornith. Europ.* Degl. et Gerbe, t. II). Europe.

Fig. 2. Son bec de grandeur naturelle.

CREX, Bechstein (*Rallus*, G. Cuv.).

CREX PRATENSIS, Bechst. (*Ornith. Europ.*, Degl. et Gerbe, t. II, p. 253). Europe, Afrique septentrionale.

Fig. 4. Son bec de grandeur naturelle.

PORZANA, Vieillot (*Rallus*, G. Cuv.).

PORZANA MARUETTA, R. Gray. (*Ornith. Europ.*, Degl. et Gerbe, t. II, p. 256). Europe.

Fig. 5. Son bec de grandeur naturelle.

GALLINULA, Brisson.

GALLINULA CHLOROPUS, Lath. (*Ornith, Europ.*, Degl. et Gerbe, t. II, p. 262). Europe, Asie, Afrique.

Fig. 6 *a*. Sa tête réduite de moitié.
Fig. 6 *b*. Une de ses pattes également réduite.

PORPHYRIO, Brisson.

PORPHYRIO MADAGASCARENSIS, Bp. Madagascar.

Fig. 2. L'oiseau réduit au cinquième.

FULICA, Linné.

FULICA ATRA, Lin. (*Ornith. Europ.*, Degl. et Gerbe, t. II, p. 268). Europe, Asie.

Fig. 7 *a*. Sa tête réduite environ de moitié.
Fig. 7 *b*. Une de ses pattes également réduite.

CHIONIS, Forster.

CHIONIS ALBA, Forst. Nouvelle-Hollande.

Fig. 8. Son bec de grandeur naturelle.

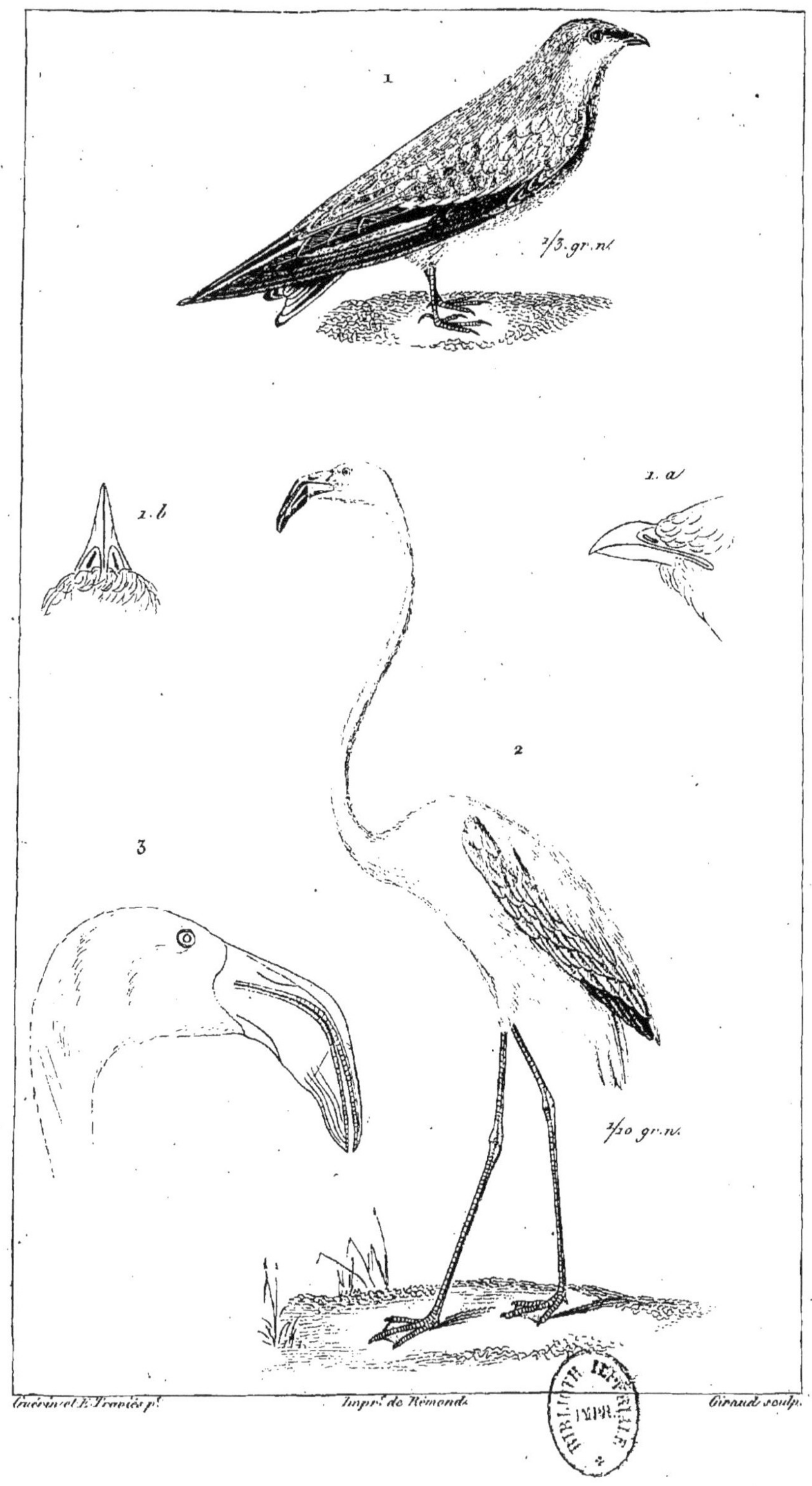

Publié par J.B. Baillière et Fils, Paris.

PLANCHE LXIV

ÉCHASSIERS PALMIPÈDES.

NRE GLAREOLA, Brisson.

GLAREOLA LACTEA, Temm. Inde.

Fig. 1. L'oiseau réduit au tiers.
Fig. 1 *a*. Son bec de grandeur naturelle.
Fig. 1 *b*. Le même, vu en dessus.

PHŒNICOPTERUS, Linné.

PHŒNICOPTERUS IGNICAPILLUS, Is. Geoffr. Amérique méridionale.

Fig. 2. L'oiseau réduit au dixième.

PHŒNICOPTERUS RUBER, Lin. Europe, Asie, Afrique.

Fig. 3. Son bec réduit au tiers environ.

Publié par J.B. Baillière et Fils, Paris.

VI — LES PALMIPÈDES

PALMIPÈDES BRACHYPTÈRES

PLANCHE LXV

RE PODICEPS, Latham.

PODICEPS CORNUTUS, Lath. (*Ornith. Europ.*, Degl. et Gerbe, t. II, p. 577). Europe.

Fig. 1. L'oiseau réduit au cinquième. Mâle en noces.

HELIORNIS, Bonnaterre.

HELIORNIS SURINAMENSIS, Bp. Cayenne, la Trinité.

Fig. 2. L'oiseau réduit au quart. Mâle adulte.

COLYMBUS, Linné.

COLYMBUS GLACIALIS, Lin. (*Ornith. Europ.*, Degl. Gerbe, t. II, p. 590). Europe et Amérique boréales.

Fig. 3. Sa tête réduite à peu près au tiers.
Fig. 3 *a*. Une de ses pattes également réduite.

URIA, Brisson.

URIA GRYLLE, Vieill. (*Ornith. Europ.*, Degl. et Gerbe, t. II, p. 603). Terre-Neuve, Hébrides, Saint-Pierre de Miquelon.

Fig. 4. Son bec de grandeur naturelle.

MERGULUS, Vieillot (*Cephus*, G. Cuv.).

MERGULUS ALLE, Vieill. (*Ornith. Europ.*, Degl. et Gerbe, t. II, p. 605). Europe, Terre-Neuve.

Fig. 5. L'oiseau réduit au tiers.

Guérin et E. Traviès p.t Imp.ie de Rémond. Giraud sculp.

Publié par J. B. Baillière et Fils, Paris

PLANCHE LXVI

ENRE APTENODYTES, Forster.

APTENODYTES PATAGONICA, Forst. Iles Malouines et de la Terre-de-Feu.

Fig. 1. L'oiseau réduit au dixième. Adulte.

ALCA, Linné.

ALCA TORDA, Lin. (*Ornith. Europ.*, Degl. et Gerbe, t. II, p. 612). Mers glaciales des deux mondes.

Fig. 2. L'oiseau réduit au cinquième. Adulte.
Fig. 2 *a*. Son bec réduit de moitié.
Fig. 2 *b*. Le même, vu en dessus.
Fig. 2 *c*. Bec du jeune au premier âge, réduit de moitié.
Fig. 2 *d*. Bec du jeune venant d'éclore, réduit de moitié.

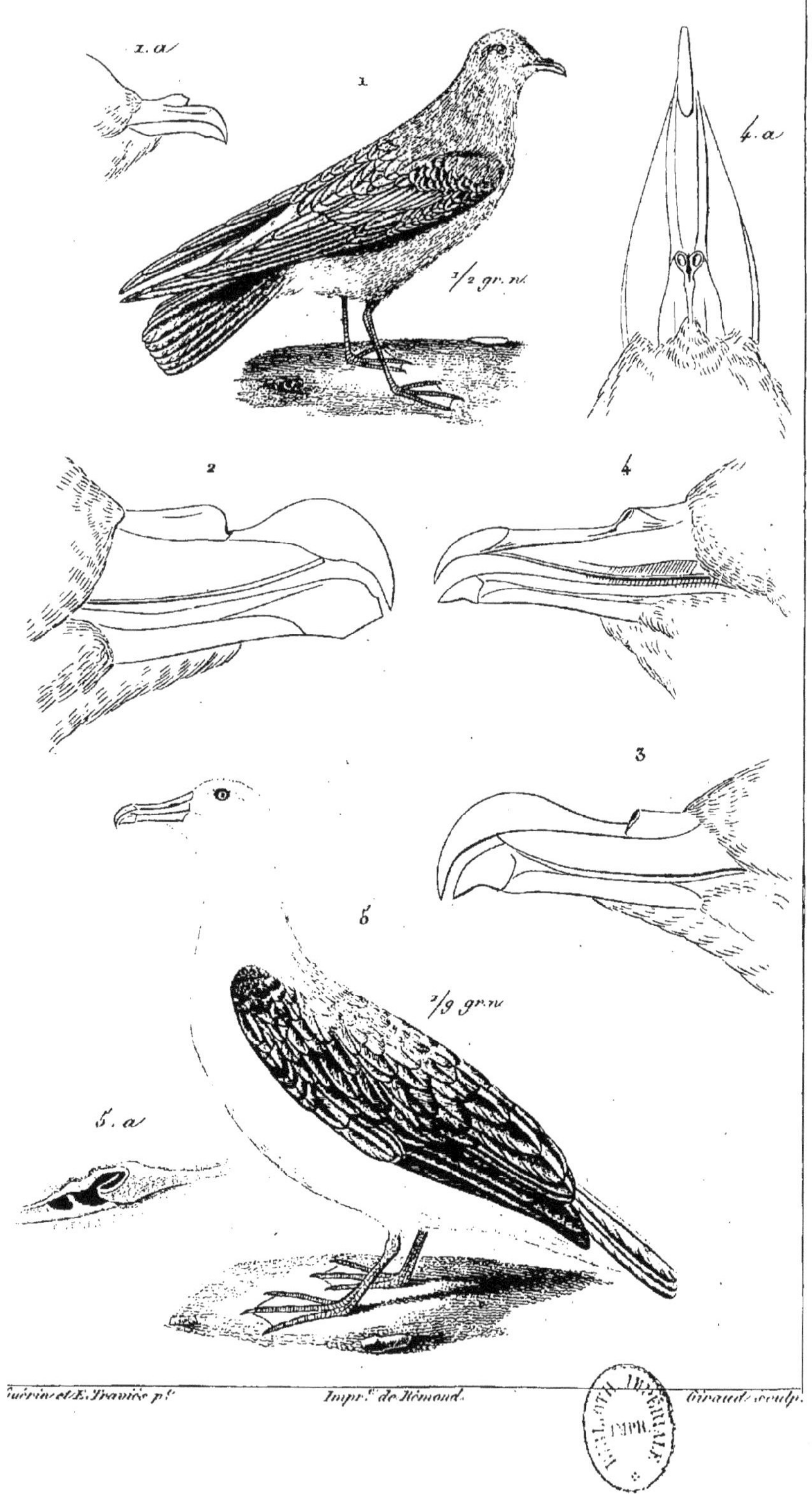

Guérin et E. Traviès p.t Impr.ie de Rémond. Giraud sculp.

Publié par J.B. Baillière et Fils, Paris.

PLANCHE LXVII

NRE THALASSIDROMA, Vigors.

THALASSIDROMA PELAGICA, Selby (*Ornith. Europ.*, Degl. et Gerbe, t. II, p. 384). Mers d'Europe.

Fig. 1. L'oiseau réduit de moitié.
Fig. 1 *a*. Son bec de grandeur naturelle.

PROCELLARIA, Linné.

PROCELLARIA GLACIALIS, Lin. (*Ornith. Europ.*, Degl. et Gerbe, t. II, p. 371). Mers polaires.

Fig. 2. Son bec de grandeur naturelle.

PUFFINUS, Brisson.

PUFFINUS ÆQUINOXIALIS, R. Gray. Mers de l'Afrique australe.

Fig. 3. Son bec de grandeur naturelle.

PRION, Lacépède.

PRION VITTATUS, Lacép. Mers antarctiques.

Fig. 4. Son bec de grandeur naturelle.
Fig. 4 *a*. Le même, vu en dessus.

DIOMEDEA, Linné.

DIOMEDEA MELANOPHRYS, Boie. Des mers du Cap.

Fig. 5. L'oiseau réduit au neuvième. Adulte.
Fig. 5 *a*. Coupe d'une fosse nasale.

Guérin et E. Traviès p.^r Impr.^e de Rémond. Girard sculp.

Publié par J. B. Baillière et Fils, Paris.

PLANCHE LXVIII

ENRE LARUS, Linné (*Goélands*, G. Cuv.).

LARUS MARINUS, Lin. (*Ornith. Europ.*, Degl. et Gerbe t. II, p. 413). Mers d'Europe et d'Afrique.

Fig. 1. L'oiseau réduit au sixième. Adulte en hiver.
Fig. 1 *a*. Son bec demi de grandeur naturelle.

STERNA, Linné.

STERNA HIRUNDO, Lin. (*Ornith. Europ.*, Degl. et Gerbe, t. II, p. 456). Mers d'Europe.

Fig. 2. L'oiseau réduit au quart. Adulte en été.

ÆNOÜS, Leach (*Noddis*, G. Cuv.).

ÆNOÜS STOLIDUS, R. Gray. (*Ornith. Europ.*, Degl. et Gerbe, t. II, p. 445). Mers intertropicales.

Fig. 3. Son bec de grandeur naturelle.

RHYNCHOPS, Linné.

RHYNCHOPS NIGRA, Lin. Mers des Antilles.

Fig. 4. Son bec de grandeur naturelle.

Guérin et E. Traviès p.[t] Impr.[ie] de Rémond Giraud sculp.

Publié par J. B. Baillière et Fils, Paris.

PLANCHE LXIX

GENRE PELICANUS, Linné.

PELECANUS FUSCUS, Lin. Amérique septentrionale et méridionale.

Fig. 1. L'oiseau réduit au douzième. Adulte.

TACHYPETES, Vieillot (*Frégates*, G. Cuv.).

TACHYPETES AQUILUS, Vieill. (*Ornith. Europ.*, Degl. et Gerbe, t. II, p. 353). Mers intertropicales.

Fig. 2. L'oiseau réduit au septième. Adulte.
Fig. 2 *a*. Son bec moitié de grandeur naturelle.

PHALACROCORAX, Brisson.

PHALACROCORAX DILOPHUS, Audub. Amérique septentrionale et occidentale.

Fig. 3. L'oiseau réduit au huitième.
Fig. 3 *a*. Son bec de grandeur naturelle.

Guérin et E. Traviès p.t Imp.r de Rémond. Giraud sculp.

Publié par J.B. Baillière et Fils, Paris.

PLANCHE LXX

RE SULA, Brisson.

SULA FUSCA, Briss. Mers d'Asie et d'Afrique.

Fig. 2. L'oiseau réduit au sixième.

PLOTUS, Linné.

PLOTUS LE VAILLANTII, Temm. Afrique septentrionale et occidentale.

Fig. 1. L'oiseau réduit au cinquième.
Fig. 1 *a*. Son bec réduit de moitié.

PHAETON, Linné.

PHAETON PHŒNICURUS, Gmel. Mers tropicales, Inde, Australie.

Fig. 3. L'oiseau réduit au sixième.
Fig. 3 *a*. Son bec réduit de moitié.
Fig. 3 *b*. Le même, vu en dessus.

Guérin et E. Traviès p.t Impr.e de Rémond. Giraud sculp.

Publié par J.B. Baillière et Fils, Paris.

PLANCHE LXXI

ENRE CYGNUS, Linné.

CYGNUS OLOR, Vieill. (*Ornith. Europ.*, Degl. et Gerbe, t. II, p. 473). Europe.

Fig. 1. L'oiseau réduit au treizième. Adulte.
Fig. 1 *a*. Sa tête réduite au quart.

BERNICLA, Stephens (*Bernaches*, G. Cuv.).

BERNICLA ERYTHROPUS, Steph. (*Ornith. Europ.*, Degl. et Gerbe, t. II, p. 488). Contrées boréales des deux continents.

Fig. 2. L'oiseau réduit au huitième. Mâle adulte.

CLANGULA, Flemming (*Garrots*, G. Cuv.).

CLANGULA ALBEOLA, Steph. (*Ornith. Europ.*, Degl. et Gerbe, t. II, p. 545). Amérique du Nord.

Fig. 3. L'oiseau réduit au sixième. Mâle adulte.

ucrin et E. Traviès p.t Impr.e de Rémond. Giraud sculp.

Publié par J. B. Baillière et Fils, Paris

PLANCHE LXXII

ENRE SOMATERIA, Leach.

SOMATERIA MOLLISSIMA, Boie (*Ornith. Europ.*, Degl. et Gerbe, t. II, p. 555). Régions du cercle arctique.

Fig. 1. L'oiseau réduit au septième. Mâle en noces.

ANAS, Linné (*Tadornes*, G. Cuv.).

ANAS BOSCHAS, Lin. (*Ornith. Europ.*, Degl. et Gerbe, t. II, p. 506). Europe.

Fig. 2. L'oiseau réduit au huitième. Mâle adulte.
Fig. 2 *a*. Son bec, vu en dessus.

MERGUS, Linné.

MERGUS CUCULLATUS, Lin. (*Ornith. Europ.*, Degl. et Gerbe, t. II, p. 572). Amérique du Nord.

Fig. 3. L'oiseau réduit au cinquième.
Fig. 3 *a*. Son bec, vu en dessus.

FIN

TABLE DES MATIÈRES

CORBEIL, typ. et stér. de CRÉTÉ FILS.

BLANC (A.). Leçons de zoologie générale, pour servir d'introduction à [illegible] l'ornithologie, publiées sous les auspices de M. Is. Geoffroy-Saint-Hilaire. [illegible], 1848, in-8° [illegible]

BONAPARTE (Ch. L.). Iconographie des pigeons, non figurés [illegible] dans les deux volumes de MM. Temminck et Florent Prévost, par Ch. [illegible] Bonaparte. Ouvrage servant d'illustration à son Histoire naturelle [illegible] *Paris*, 1857, 1 vol. in-folio, avec 55 pl. contenant 66 [illegible] (225 fr.) [illegible]

BONAPARTE (Ch. [illegible]) [illegible] in-4, avec 54 planches [illegible]

DEGLAND et [illegible] raisonné des oiseaux [illegible] partie du Cours [illegible] fondue. *Paris*, 1867, [illegible]

LAFRESNAYE. Contributions à l'Ornithologie [illegible] *Paris*, 1832-1835, 1 vol. [illegible] planches [illegible]

[illegible] 1801-1803 [illegible] vol. in-folio, avec [illegible] espèces classées [illegible] avec [illegible] planches [illegible]